1000 KATZENNAMEN

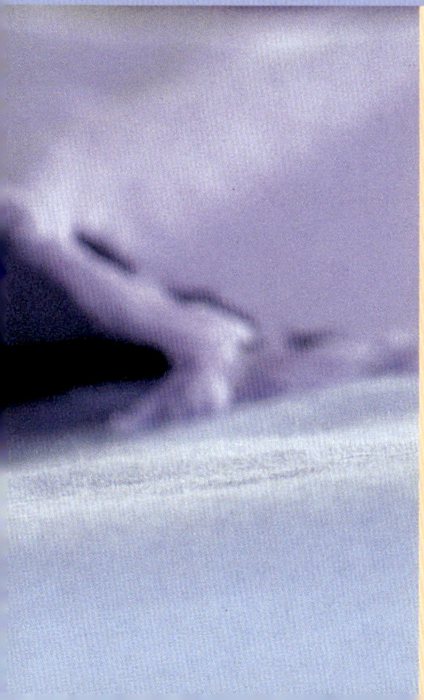

Erst mit dem Namen wird ein Kätzchen zur unverwechselbaren Persönlichkeit. Noch besser, wenn dieser Name auf Aussehen oder Wesen abgestimmt ist. Die schönsten und beliebtesten Katzennamen und vieles mehr finden Sie in diesem Ratgeber und natürlich auch, welche ursprüngliche Bedeutung die Namen haben.

Inhalt

WAS ALLES HINTER KATZENNAMEN STECKT

DIE SCHÖNSTEN KATZENNAMEN VON A BIS Z

ANHANG

WISSENSWERTES & WITZIGES

Geschichten von und über Katzen finden Sie auf den **Seiten** 21, 23, 25, 26, 28, 29, 30, 31, 32, 34, 35, 37, 38, 39, 41, 42, 45.

Was alles hinter Katzennamen steckt

Oft verraten Katzennamen mehr über den Besitzer als über die Katze selbst. So wählt der Mozart-Liebhaber gern den Namen „Amadeus“ und seit dem Film „Pretty woman“ heißen viele Katzen „Julia“. Alles ist erlaubt. Sogar das Lieblingsgericht kann sich im Katzennamen widerspiegeln.

Von der Qual der Wahl

Es gibt schier unendliche Möglichkeiten, dem geliebten Kuschelmonster einen Namen zu „verpassen“.
Die einen orientieren sich an großen historischen Namen wie etwa Napoleon, Cäsar oder Kleopatra – imposante Figuren, die für Stärke, Macht und Schönheit stehen. Andere nennen ihre Katzen nach berühmten Schauspielern, zum Beispiel Julia (Roberts) oder Leonardo (di Caprio), nach Sportlern wie etwa Boris (Becker) oder dem Fußballstar Ronaldo.

Auch die Namen von Comic-Helden wie Tom (& Jerry) oder Garfield sind beliebt. Besonders im Trend liegen Namen aus anderen Ländern. In unseren Ohren klingen sie exotisch und geheimnisvoll. Beipiel: „Aponi“ kommt aus der Sprache der Indianer und bedeutet übersetzt „Schmetterling“. Doch bei aller Kreativität: Was sagt Katze zu ihrem Namen? Wahrscheinlich ist er ihr egal. Sicher ist nur, dass Katzen am schnellsten ein- und zweisilbige Namen lernen und besonders auf Namen reagieren, die Sie lockend und zärtlich aussprechen können (→ Seite 16). Es darf aber ruhig etwas ausgefallener als „Muschi“ oder „Pussy“ sein.

Das Geheimnis des richtigen Namens

Namen verändern die Welt. Namen geben Profil, erleichtern Miteinander und Kommunikation und lassen Fremde zu Freunden werden. Namen transportieren Gefühle und Sehnsüchte und festigen die Bindungen an Mitmenschen und Tiere.
Bei unseren Haustieren ist der Name Symbol des Vertrauens und der Zuneigung zwischen Mensch und Tier. Einem Tier, das einen Namen trägt, gestehen wir unbewusst einen anderen Stellenwert zu: Es wird von einer „Sache" zum Mitgeschöpf und Partner. Haben Sie sich eine Katze als Hausgenossin gewählt, teilen Sie mit ihr Ihr Leben. Sie ist Freundin, Vertraute und Seelentrösterin für Familien, Kinder, Singles und Senioren. Der Name der Katze soll all das ausdrücken: Nähe und Zuneigung, Zugehörigkeit und Zuverlässigkeit. Aber auch noch viel mehr: Der Name soll natürlich gut zu seinem Träger passen, dem Erscheinungsbild und Wesen gerecht werden, Abstammung und möglichst auch die individuellen Merkmale der Katze entsprechend berücksichtigen.

Der Name bleibt: Haben Sie alles bedacht?

Namen nach Maß. Das sollten Sie bei der Namensgebung beachten:

➤ Ein- oder zweisilbige Namen lernt Ihre Katze besonders schnell (→ Das Namens-Trainingsprogramm, Seite 16).

➤ Bei Lob und Tadel macht der Tonfall die Musik. Lang gesprochene Vokale garantieren Ihnen Miezes Aufmerksamkeit.

➤ Der Name sollte von der ganzen Familie und allen, die mit der Katze zusammen sind, akzeptiert werden.

➤ Peinlich, peinlich. Witzig gemeint, doch wer will schon lauthals rufend „Ferkelchen" oder „Scheißerle" aus dem Garten oder in der Wohnung herbeizitieren?

INFO

KOSENAMEN HABEN KONJUNKTUR

Aus der Katze ist ein vollwertiges Familienmitglied geworden. Kosenamen sind das Symbol der intensiveren Beziehung und Ausdruck unserer Zuneigung.

➤ Als Kosenamen verwenden wir gern die Begriffe „Schätzchen", „Mausi", „Schnucki" oder Ähnliches.

➤ Bedenken Sie, dass Ihr kleiner Tiger auch den Kosenamen lernen muss, wenn dieser stark vom eigentlichen Rufnamen abweicht.

➤ Entscheiden Sie sich deshalb möglichst nur für einen Kosenamen. Zu viele Namen verwirren die Katze nur.

Ein Abenteurer, wie er im Buche steht. Nichts ist vor ihm sicher. Das sollte sich auch in seinem Namen ausdrücken. Wie wär's mit „Crazy" oder „Bajazzo"?

TIPP
NAMENSÄNDERUNG

Auch wenn eine Katze bereits einen Namen hatte, z. B. eine ältere Katze aus dem Tierheim, und dieser Name Ihnen nicht gefällt, können Sie Ihre Katze „umtaufen". Gehen Sie dabei ebenso vor, wie auf Seite 16 f. beschrieben.

➤ Vergessen Sie nicht: Promis sind möglicherweise morgen schon out, Ihre Katze trägt den Namen jedoch zeitlebens.

➤ Kleine Kinder können komplizierte und lange Namen oft nicht richtig aussprechen. Deshalb sind für sie vor allem einfache klare Namen wie „Minka", „Susi", „Tom" oder „Billy" das Gegebene.

➤ Nur einer allein. Entscheiden Sie sich für einen Namen. Gibt es eine Kurz- oder Koseform (z. B. Gundula und Gundi), sollten Sie sich für einen der beiden Namen entscheiden. Viele verschiedene Namen, auch Kosenamen, verwirren Ihre Katze nur.

➤ Ein Katzenname sollte keine negativen Assoziationen wecken. Sonst überträgt man unangenehme Erinnerungen an Menschen oder Situationen auf die Katze.

➤ Bitte keinen Tabu-Namen auswählen. Denn auch Katzennamen dürfen weder religiöse Überzeugungen beleidigen noch Menschen lächerlich machen.

➤ Eine Frage der Ehre. Ihre Katze versteht zwar den Sinn nicht, aber ihr Name sollte sie nicht entwürdigen. Beispielsweise sind „Doppeldecker" – vielleicht weil diese Katze besonders dick ist – oder „Stinky" keine ansprechenden Katzennamen.

Prinz und Prinzessin

Sie erwarten bedingungslose Huldigung. Und es ist selbstverständlich, dass jeder ihnen alle Wünsche von den Augen abliest.

Smartie und Softie

Lieb und dabei ganz sanft, so könnte man diesen Katzentyp beschreiben. Von Heldentum halten solche Katzen allerdings nichts.

Kleine Mimosen

Empfindsam, schnell beleidigt und ein wenig ängstlich. Sie sind die „Seelchen" unter den Katzen und nur für zartfühlende Menschen geeignet.

Welcher Charaktertyp

➤ Der einzig akzeptable Ruheplatz ist das Bett.
➤ Sie protestiert, wenn Sie unaufmerksam sind.
➤ Mit ungewohntem Katzenfutter kann man sie „jagen".
➤ Sie besetzt Ihren Lieblingssessel.
➤ Sie fordert, dass Sie sich ihr anpassen.

Namensliste auf Seite 27

➤ Sie spürt sofort, wenn es Ihnen schlecht geht.
➤ Ausgiebige Schmusestunden liebt sie.
➤ Sie ist Neuem gegenüber vorsichtig, aber nicht ablehnend.
➤ Sie folgt Ihnen auf Schritt und Tritt.
➤ Sie setzt ihre Krallen fast nie ein.

Namensliste auf Seite 29

➤ Sie nimmt bei lautem Kindergeschrei Reißaus.
➤ Sie möchte Ihre Aufmerksamkeit mit keiner anderen Katze teilen.
➤ Sie hasst hektische Aktivitäten.
➤ Sie ist beleidigt,wenn Sie mit ihr schimpfen.
➤ Sie liebt ihre vertraute Umgebung.

Namensliste auf Seite 36

Liebenswerter Abenteurer

Sie sind Neuem gegenüber aufgeschlossen. Gegen Abwechslung im Alltag haben sie nichts einzuwenden. Lieber zu viel als zu wenig.

Das ewige Kind

Besonders Wohnungskatzen bleiben uns gegenüber das ewige Kind. Sie sind verspielt, sehr anhänglich und genießen unsere Fürsorge.

Die patente Soziale

In der Fachliteratur nennt man sie auch „Peacemaker". Sie leben nicht gern allein und sorgen in der Katzengruppe für Harmonie.

ist meine Katze?

- Neues Spielzeug wird sofort untersucht.
- Sie mag ausgelassene Spiele mit Ihnen.
- Sie leidet, wenn sie nicht raus darf.
- Sie beriecht Sie interessiert, auch wenn Sie gerade vorher einen Hund angefasst haben.
- Sie liebt Besuch.

Namensliste auf Seite 32

- Sie ist immer zu einem Spielchen mit Ihnen aufgelegt.
- Sie fordert pünktlich ihr Fressen ein.
- Sie genießt eine wohltuende Massage.
- Sie leckt gern Ihre Hände und Arme.
- Sie gibt mit Vorliebe „Nasenküsschen".

Namensliste auf Seite 34

- Sie verträgt sich gut mit Artgenossen.
- Sie hat ein „schlechtes Gewissen", wenn Sie mit ihr schimpfen.
- Sie schlichtet Streit in der Katzengruppe.
- Sie versteht, dass Sie jetzt keine Zeit für sie haben.
- Sie hasst Disharmonie.

Namensliste auf Seite 40

Echte V.I.P.s – berühmte Katzen

Katzen sind eigenwillig, unabhängig, von lässiger Eleganz und ganz individuell in ihrer Persönlichkeit. Kein Wunder also, dass sie von jeher Schriftsteller und Karikaturisten inspirierten. Wer kennt nicht das berühmte Märchen vom gestiefelten Kater der Gebrüder Grimm? Auch Charles Baudelaire, Heinrich Heine, Rainer Maria Rilke und Oscar Wilde beschäftigten sich intensiv mit Katzen und verfassten Gedichte über sie. E. T. A. Hoffmann ließ seinen Kater Murr erzählen, und diesen Stil griffen auch „neuzeitliche" Autoren auf. Weit bekannt wurde zum Beispiel Francis, der Katzendetektiv, von Akif Pirinçci in „Felidae". Francis – „Klugscheißer" und Zyniker – hat den Durchblick. Er degradiert die Menschen zu „Dosenöffnern". Dann ist da noch die Comicfigur Sylvester, der verfressene Kater, dem sein Leckerbissen Vögelchen Tweety immer wieder vom Teller hopst. Sylvester stammt aus den Hollywood-Studios der Warner Brothers. Oder Tom & Jerry, die im Dauerkrieg miteinander liegen. Immerhin sieben Oscars waren die beiden Hollywood wert. Und wer hat nicht geweint, als der Butler versuchte, Disneys Aristocat Duchesse und ihre süßen Kleinen um ihr Erbe zu bringen? Dann gibt's natürlich Garfield, den frechen faulen Kater, den der Amerikaner Jim Davis erschaffen hat, und nicht zu vergessen Nero Corleone, der viele Abenteuer erlebt und den Elke Heidenreich in einem Buch verewigt hat.

Seit mehr als 20 Jahren begeistert das Musical „Cats" das Publikum. Vorlage für den Komponisten Andrew Lloyd Webber waren die Katzengedichte von T. S. Eliot, einem Nobelpreisträger für Literatur. Beispiele dafür, dass Katzen wunderbaren Stoff für Bücher, Filme oder Cartoons, ja gar für den Zeitgeist hergeben, gibt es viele. Denkt man nur an Comicfiguren wie Fritz the Cat, den Kater, der vor allem Spaß und Sex sucht. Er war in den 60er Jahren des prüden Amerikas die Symbolfigur der freien Liebe.

TIPP
NAMEN FÜR MEHRERE KATZEN

Wenn Sie mehrere Katzen haben, sollten Sie unbedingt unverwechselbare Namen wählen. Drei Katzen zum Beispiel „Tick", „Trick" und „Track" zu nennen wie die drei kleinen Enteriche in Disneys „Donald Duck" hört sich zwar in unseren Ohren lustig an, doch in Katzenohren klingen diese Namen gleich. Die Katzen können sie nicht auseinander halten und kommen wahrscheinlich alle drei herbeigerannt, wenn Sie einen der Namen rufen. Das kann auf Dauer nerven. Entscheiden Sie sich also besser zugunsten klar unterscheidbarer Namen, am besten passend zu Persönlichkeit und Temperament.

Promis und ihre Samtpfoten

Erich Kästner liebte Katzen und schrieb auch über sie. Seine vier Lieblinge hießen: Lollo, „persisch blau mit goldenen Augen, eine Prinzessin im Pelz“; Anna, „die jüngste und kleinste, schwarz-weiß, mit rosafarbener Nasenspitze“; Pola, „angoraschwarz mit grünen Augen“; und schließlich Butschi, „unser einziger Kater. Er wiegt 15 Pfund und ist Polas Sohn.“
Ernest Hemingway, der exzentrische Schriftsteller und Nobelpreisträger, beherbergte etwa 30 Katzen auf seiner Finca Vigía in Kuba. Ihn faszinierten die Tiere. Eines seiner Zitate lautete: „Katzen erreichen mühelos, was uns Menschen versagt bleibt: durchs Leben zu gehen, ohne Lärm zu machen.“ Auch heute noch ist sein Anwesen eine Katzenstation.

Doris Lessing, Englands berühmteste Schriftstellerin, lebt mit ihrer Katze Jam-Jam in London. Sie schrieb auch ein Buch über das Leben mit Katzen, das unter dem Titel „Doris Lessings Katzenbuch“ im Buchhandel erhältlich ist. Es gibt viele prominente bekennende Katzenfreunde, die sich ein Leben ohne ihre Samtpfoten nicht hätten vorstellen können. Dazu gehören Schauspieler wie O. W. Fischer, Barbara Rütting, Claudia Cardinale oder Sophia Loren, berühmte Maler wie Pablo Picasso, Wissenschaftler, zum Beispiel Albert Einstein, Politiker wie Bill Clinton und Winston Churchill, Philosophen wie etwa Arthur Schopenhauer und natürlich Schriftsteller wie Patricia Highsmith, die meisterliche Krimis schrieb und dabei ihre Katzen mehr liebte als Menschen. Besonders bei den Schriftstellern lässt sich die Liste der Katzenliebhaber endlos fortsetzen. So sagte einmal Sidonie-Gabrielle Colette, die mit mehreren Katzen zusammenlebte und deren Lieblingskatze eine Kartäuser namens La Chat (franz. = die Katze) war: „Wenn man sich mit Katzen einlässt, riskiert man lediglich, bereichert zu werden.“ Auch Kurt Tucholsky war ein Katzenfan. Er meinte: „Die Katze ist das einzige vierbeinige Tier, das dem Menschen eingeredet hat, er müsse es erhalten, es brauche aber dafür nichts zu tun.“ Wie wahr – und doch geben Katzen uns so viel.

Wie Katzen lernen, uns zu verstehen

SO KLAPPT'S MIT KATZE UND MENSCH

Katze und Mensch sind ein ungleiches Paar – und doch verstehen sie sich bestens. Wer aneinander interessiert ist und sich mag, findet eben schnell einen Weg der Verständigung. Dafür setzt auch Katze ihre ganze Beobachtungsgabe und ihre besonderen Fähigkeiten ein.

Mit dem Menschen auf Du und Du

Wie kommt es eigentlich, dass Katzen uns so gut verstehen? Ganz einfach: Die kleinen Tiger lernen schnell und beobachten genau. Im Handumdrehen begreift Mieze ihren Namen (→ Seite 16), aber schon bald auch andere Worte und sogar Sätze, die in bestimmten Situationen und in einem bestimmten Tonfall immer wieder verwendet werden. Auch Kommandos wie beispielsweise „Komm" oder „Nein!" (am besten mit dem gleichzeitig erhobenen Zeigefinger) können Katzen rasch richtig deuten. Nur mit dem Befolgen hapert's dann meist jedoch, denn Katzen sind ja bekanntlich eigensinnige Wesen.

Um uns zu verstehen, ist es für Katzen ebenso wichtig, auf unsere Körpersprache, unsere Gestik und Mimik zu achten. Katzen beobachten uns so genau, dass man manchmal meinen könnte, sie hätten hellseherische Fähigkeiten. Sitzt man zum Beispiel selbst noch gemütlich im Sessel, denkt aber gerade daran aufzustehen, läuft Mieze schon mit hoch erhobenem Schwänzchen

1 *Der kleine Amadeus ist erst vier Wochen alt, und doch kennt er bereits seine Menschen. Aber im Moment ist Mama noch die Beste, denn hier ist die Milchquelle, und es ist so kuschelig warm an Mamas Pelz.*

2 *Mit fast sieben Wochen befinden sich Silvester und sein Bruder Frederik immer noch in der Prägungsphase. Machen die Kleinen jetzt gute Erfahrungen mit Menschen, werden sie später besonders anhänglich.*

3 *La Bomba ist drei Monate alt. Sie versteht sich bestens mit ihren Menschen. Das kleine Schleckermäulchen weiß genau, wo die Dose mit den Leckerlis steht, und ist inzwischen auch geschickt genug, sie zu öffnen.*

TIPP
MISSVERSTÄNDNIS

Erst wollte Mieze unbedingt Streicheleinheiten, dann beißt sie unvermittelt schmerzhaft zu. Sind Katzen heimtückisch? Nein. Mieze hat gewarnt: „Genug!“ Die Schwanzspitze hat gezuckt, die Pupillen haben sich erweitert, und sie hat die Ohren zur Seite gedreht. Wir haben nur die eindeutigen Signale übersehen.

erwartungsvoll voraus. Kann sie Gedanken lesen? Nein, natürlich nicht. Aber der leicht gestraffte Rücken ihres Menschen hat ihr verraten, dass dieser gleich aufstehen wird. Vielleicht gibt's ja jetzt endlich ein Leckerli. Erstaunlich ist auch, mit welch feinem Gespür Katzen auf unsere Stimmungen reagieren. Sind wir niedergeschlagen oder krank, kann man sich keine liebevollere Seelentrösterin wünschen. Die Samtpfote liegt oft stundenlang neben uns im Bett, verzichtet sogar auf ihren Rundgang oder schmiegt sich, sanft schnurrend, an uns. Wahrscheinlich senden wir unbewusst auch in diesen Situationen für die Katze eindeutige Signale aus. Sie begreift sofort, wie es in diesem Moment um uns bestellt ist, und gibt uns die nötige Zuwendung.

Rassekatzen
von altem Adel?

In Stammbäumen von Rassekatzen liest man nicht selten solch klangvolle Namen wie „Anastasia von Bullerbue", „Cleopatra aus Isis Tempel" oder „Agamemnon von der Wildaue". Alles Katzen aus einem alten Adelsgeschlecht?
Nein, natürlich nicht. Zwar stammen die meisten Rassekatzen von edlem Geblüt, denn gewissenhafte Züchter verpaaren nur solche Tiere miteinander, die einwandfreie Erbanlagen haben und die die von den Zuchtverbänden festgelegten Eigenschaften einer Rasse besitzen. Doch der klangvolle Zwingername besagt lediglich, aus welcher Zucht die Katze stammt.
Natürlich möchte jeder Züchter die Rassemerkmale seiner Katzen mit der Namensgebung unterstreichen, und natürlich soll auch ihre Herkunft möglichst einwandfrei wiedererkennbar sein.

So erhält man einen Zwingernamen

Jeder Katzenzüchter, der Mitglied eines anerkannten Rassekatzen-Zuchtvereins ist, kann einen vom Verein geschützten Zwingernamen (englisch = catteryname) beantragen. In Stammbäumen, Deckbescheinigungen, Ausstellungskatalogen und anderen offiziellen Dokumenten muss der Name der Katze immer in Verbindung mit dem Zwingernamen genannt werden.
Bei der Wahl des Zwingernamens sind der Fantasie kaum Grenzen gesetzt. Lediglich einige wenige Regeln müssen dabei beachtet werden:

➤ Der Vorschlag für einen Zwingernamen muss bei einem anerkannten Rassekatzenzuchtverein eingereicht werden (→ Adressen, Seite 47). Maximal dürfen zwei bis drei Vorschläge gemacht werden.

➤ Der Zwingername darf nicht mehr als 15 Buchstaben enthalten.

➤ Der vorgeschlagene Zwingername kann vom Verband abgelehnt werden, wenn bereits ein gleicher oder ähnlich klingender Name eingetragen ist und dies dann zu Verwechslungen führen könnte.

Was die Sterne sagen

DAS KATZEN-HOROSKOSP

ASTROLOGIE:

Vergleichen Sie, ob Miezes Stärken und Schwächen mit ihrem Sternzeichen übereinstimmen. Passende Namen finden Sie auf den Seiten 25, 31, 39 und 41.

Widder-Katze
21. März – 20. April. Selbstbewusst, temperamentvoll, aufgeschlossen und gelehrig. Schwächen: ungeduldig und fordernd, Kater streitlustig.

Stier-Katze
21. April – 20. Mai. Faulenzt mit Hingabe, liebt gutes Futter und ihren Menschen. Schwächen: manchmal eifersüchtig und ein wenig träge.

Zwillinge-Katze
21. Mai – 21. Juni. Fröhlich, anpassungsfähig, klug und voller Tatendrang. Schwächen: Ihre Unternehmungslust kann nerven.

Krebs-Katze
22. Juni – 22. Juli. Sensibel und verspielt. Liebt eine zarte Behandlung. Schwächen: Schnell beleidigt und rasend eifersüchtig.

Löwe-Katze
23. Juli – 23. August. Steht gern im Mittelpunkt, zutraulich, freundlich, früh selbstständig. Schwächen: stur, wenn es nicht nach ihrem Willen geht.

Jungfrau-Katze
24. August – 23. September. Treu, liebevoll, mag klare Verhältnisse im Haus. Ihre Schwächen: hält gern ein wenig Distanz, obwohl der erste Eindruck täuscht.

Waage-Katze
24. September – 23. Oktober. Liebt Harmonie, tolerant, gut gelaunt, schätzt ein gemütliches Heim. Schwächen: manchmal unentschlossen in ihrem Verhalten.

Skorpion-Katze
24. Oktober – 22. November. Sehr individuell, umgänglich, mitfühlend. Schwächen: beharrlich und leidenschaftlich eifersüchtig.

Schütze-Katze
23. November – 21. Dezember. Gesellig, freundlich, leicht zufrieden zu stellen, erfinderisch, freiheitsliebend. Schwächen: ungefordert wird sie depressiv.

Steinbock-Katze
22. Dezember – 20. Januar. Verlässlich, intelligent, penibel. Schwächen: eitel und widerborstig, wenn ihr etwas nicht passt.

Wassermann-Katze
21. Januar – 19. Februar. Erfinderisch, neugierig und anschmiegsam. Schwächen: launisch und recht eigensinnig. Mag keine Fremden.

Fische-Katze
20. Februar – 20. März. Sensibel, anhänglich, einfühlsam. Schwächen: eifersüchtig, und sie hat durchaus ihr „eigenes" Köpfchen, ist aber nie nachtragend.

Das Namens-Trainingsprogramm

SO LERNT DIE KATZE AUF IHREN NAMEN ZU HÖREN

Katzen sind intelligent und lernen schnell. Ganz besonders lernwillig sind sie vor allem dann, wenn sich ein Vorteil für sie ergibt. Dieser Umstand lässt sich für uns Menschen nutzen. Und deshalb ist es gar nicht so schwer, Mieze mir nichts, dir nichts beizubringen, auf ihren Namen zu hören.

Wichtig: Der „gute“ Ton macht’s

Es ist richtig, dass Katzen besonders schnell auf ein- oder zweisilbige Namen hören. Umstritten ist dagegen die These, dass er besonders viele „i“ enthalten sollte. Wichtig ist vor allem der Ton, in dem Sie den Namen aussprechen. Gelingt

1 *„Mit Speck fängt man Mäuse.“ Das gilt im übertragenen Sinne auch für Ihre Katze. Belohnen Sie Mieze anfangs mit einem Leckerli, wenn Sie sie mit Namen rufen und sie tatsächlich angerannt kommt.*

2 *Es muss nicht immer ein Leckerli sein. Die meisten Katzen schätzen auch Streicheleinheiten und einen liebevollen Tonfall hoch ein. Das Tier immer in Verbindung mit der Nennung seines Namens streicheln.*

es Ihnen, Ihren schwarzen Kater Othello oder Ihre imposante Katze Brunhilde lockend und zärtlich zu rufen, werden sie auch auf diese Namen hin freudig herbeigeeilt kommen.

Verbinden Sie anfangs mit dem Ruf des Namens immer etwas Positives für das Tier. Entweder Sie füttern Ihre Samtpfote, Sie streicheln sie ausgiebig oder geben ihr ein begehrtes Leckerli. Keinesfalls darf Ihre Katze etwas Unangenehmes mit dem Ruf ihres Namens verbinden. Allerdings können Sie einen Missetäter durchaus auch einmal namentlich in scharfem Ton zur Räson rufen. Das wird Katze Ihnen nicht verübeln, denn sie weiß genau, dass sie etwas falsch gemacht hat. Mit dem richtigen Ton können Sie sie schimpfen, anlocken, liebkosen oder auch beruhigen.

Namen lernen

✔ **Katzen lernen besonders schnell ein- und zweisilbige Namen wie etwa „Kim“ oder „Mimi“.**

✔ **Achten Sie darauf, dass der Katzenname nicht mit anderen Wörtern zu verwechseln ist, wie etwa wenn Sie zu Ihrer Katze sagen „Komm“ und sie hat den Namen „Tom“.**

✔ **Verwenden Sie keine ständig wechselnden Kosenamen. Das verwirrt Ihre Katze nur.**

✔ **Alle in der Familie sollten sich über den Katzennamen einig sein und das Tier immer mit dem gleichen Namen ansprechen.**

✔ **Anfangs sollten Sie niemals etwas Unangenehmes für die Katze mit dem Ruf ihres Namens verbinden, wie etwa eingesperrt zu werden oder Medikamente verabreicht zu bekommen.**

Die schönsten Katzennamen von A bis Z

Suchen Sie einen passenden Namen für Ihre Katze, Ihren Kater oder Ihr Katzen-Duo? Dann sind Sie hier richtig. Im folgenden Teil dieses Ratgebers finden Sie mehr als 1000 traditionelle, exotische, berühmte, witzige, häufige und edle Namen. Bestimmt ist der richtige für Ihren Liebling dabei.

Gestatten, ich heiße ...

Gar nicht so einfach, den richtigen Namen für die kleine Samtpfote zu finden. Er soll vor allem zu ihr passen, schön klingen, und sie soll ihn möglichst schnell lernen (→ Seite 16). Die folgenden 1000 Namen von A bis Z sind eine bunte Mischung aus klangvollen, originellen, berühmten, schönen und häufigen Namen. Sie werden feststellen, dass die Namensliste viele romanische und englische Namen enthält. Nicht ohne Grund, denn diese Namen sind meist kurz und lautsprachlich besonders reizvoll. In Extra-Listen finden Sie die „Top Ten" der Katzennamen, die schönsten Namen für Katzen-Duos, schwarze Kater, weiße Schönheiten, rothaarige und langhaarige Katzen, für einzelne Sternzeichen und Charaktertypen wie „Prinz und Prinzessin", „Smartie und Softie" oder „Das ewige Kind". Die Bedeutungen aller dort aufgeführten Namen sind sowohl für Kater als auch für Kätzinnen im allgemeinen Namensteil nachzulesen. Lustige Geschichten von Katzen und wie sie zu ihren Namen kamen zeigen, dass Katzen ganz individuelle Wesen mit unterschiedlichen Temperamenten sind.

Die schönsten Namen für Kater

A

Abraxas *Zauberwort, auch göttlicher Geheimname.*
Achill, Achilles *Schönster griech. Held von Troja.*
Adam *Biblischer Name; Bedeutung = Mensch aus Erde; in Italien: Adamo.*
Adonis *Geliebter der griech. Liebesgöttin Aphrodite.*
Adrian *Lat.; weist auf eine Ortsbestimmung hin; in Spanien und Italien: Adriano.*
Afrika *Der „schwarze" Kontinent; ausgefallener Name für Ihren schwarzen Kater.*
Agamemnon *Sagenhafter griech. König von Mykene.*
Akiba *Ben Joseph, jüd. Schriftgelehrter und Politiker.*
Aladin *Arab. Märchen: „Aladin und die Wunderlampe".*
Al Capone *Berüchtigter amerik. Mafiaboss ital. Herkunft.*
Alex *Abk. von Alexander; aus dem Griechischen; Bedeutung = Beschützer, Verteidiger.*
Alexej *Russ. für Alexander → Alex.*
Alf *Amerik. Fernsehfigur; lebt als Alien Life Form (ALF) mit Menschen zusammen.*
Ali Baba *Arab. Märchen: „Ali Baba und die 40 Räuber".*

Die Top Ten der häufigsten Katzennamen

Mögen Sie am liebsten Namen, die schon immer in Mode sind? Dann haben Sie hier die Wahl. So lauten die 10 häufigsten Namen für Kater und Kätzin.
Kater: Billy, Blacky, Charly, Felix, Fritz(i), Mohrle, Max, Moritz, Tiger, Tom.
Kätzinnen: Kitty, Mieze (Miezi), Schnurri, Maunzi, Mimi, Muschi, Lisa, Susi, Minka, Pussy.

Aljoscha *Russ. Koseform von Alexander → Alex.*
Allegro *Musikalische Tempobezeichnung: schnell, lebhaft.*
Amadeo *→ Amadeus.*
Amadeus *Lat. = der liebe Gott.*
Amarant *Kleiner roter afrikanischer Prachtfink.*
Amaretto *Ital. süßer Mandellikör von brauner Farbe.*
Amarillo *Stadt in Texas.*
Amati *Brühmte ital. Geigenbauerfamilie.*
Ambrosius *Aus dem Griechischen; Bedeutung = der Unsterbliche, der Göttliche.*
Amigo *Span. = der Freund.*
Amor *Röm. Gott der sinnlichen Liebe.*
Amun *Altägypt. Gott.*
Amur *Ostasiat. Strom.*
Andy *Abk. von Andreas; aus dem Griechischen; Bedeutung = der Tapfere.*
Angelo *Ital. = der Engel.*
Antares *Größter Stern im Sternbild des Skorpions.*
Anthony *Engl. für → Anton.*
Anton *Aus dem Lateinischen; Bedeutung = der Unschätzbare; auch nach Erich Kästners „Pünktchen und Anton".*

Apollo *Griech. Gott (Apollon).*
Aqua *Span. = Wasser.*
Aragón: *Landschaft und Fluss in Nordspanien.*
Archie *Abk. von Archibald, alter engl. Name.*
Ares *Griech. Kriegsgott.*
Aristoteles *Griech. Philosoph.*
Armani *Ital. Modeschöpfer.*
Artax *Figur aus dem Roman „Die unendliche Geschichte".*
Arthur *Aus dem Keltischen; Bedeutung ungewiss; in Italien: Arturo; Abk. Art.*
Artus *Legendärer britischer heldenhafter König.*
Ashley *Alter engl. Name; Bedeutung = in der Eschenweide wohnend; Abk. Ash.*
Asterix *Comicfigur („Asterix und Obelix"); Asterix ist ein kleiner gewitzter Gallier.*
Athos *Griech. = Heiliger Berg.*
Attila *Gotisch; bezieht sich auf den Hunnenkönig Attila; Bedeutung = Väterchen.*
Aurel *Marc Aurel, röm.Kaiser.*
Avalon *Feenland, das König Artus aufnahm.*
Azul *Span. = blau.*

B

Bacardi *Getränk; Markenname für einen Rum.*
Baghira *Schwarzer Panther aus dem „Dschungelbuch".*
Baily *Markenname für einen karamellfarbenen Likör.*
Bajazzo *Ital. = Strohsack, Hanswurst.*
Baloo *Bär und liebenswerter Faulenzer aus dem „Dschungelbuch".*
Bärchen *Kosename für Kater mit langhaarigem Fell.*
Barny *Kleiner, cleverer Freund von Fred aus der Comic-Serie „Familie Feuerstein" .*
Bastian *Kurzform von Sebastian; griech. = der Erhabene.*
Baxter *Aus dem Altenglischen; Bedeutung = der Brotbäcker.*
Beethoven *Dt. Komponist.*
Bel-Ami *Franz. = schöner Freund.*
Ben *Kurzform von Benedikt; lat. = der Gesegnete.*
Benito *Span./ital. Kurzform von Benedikt → Ben.*
Benny *Abk. für Benjamin; hebr. = Sohn des Glücks.*
Beppo *Kosename für Berthold; althochdt.; Bedeutung = glänzend, walten, herrschen.*
Bernhard *Nach Disneys „Bernhard und Bianca", zwei süße Mäuschen.*

SIR LIONEL – EIN KATZENARISTOKRAT

Wir hatten uns für einen Maine Coon Kater entschieden. Diese majestätischen Katzen sind nicht nur gewichtsmäßig die „Größten", sondern auch in ihrem Gehabe. Unser kleiner Löwe behandelte uns anfangs von oben herab und äußerst vorsichtig. Weil er so viel Würde ausstrahlte, gaben wir ihm den Namen Sir Lionel, denn „lion" heißt im Englischen „Löwe", und der Titel „Sir" passt zu ihm.

Berti *Kosename für Bertram; althochdt. = glänzend, der Rabe; Puppe aus der Fernsehserie „Sesamstraße“.*
Big Mac *McDonald's Hamburger; lustiger Name für große Kater.*
Billy *Engl. Kosename für William/Wilhelm; Bedeutung = Wille und Helm.*
Blackberry *Engl. = Brombeere.*
Black Jack *Amerik. Variante des Kartenspiels „17 und 4“.*
Black Magic *Engl. = schwarze Magie.*
Black Pearl *Engl. = schwarze Perle.*
Blue Boy *Engl. blue = blau, boy = Junge. Name für Kater mit blaugrauer Fellfarbe.*
Bo *Schwed./dän.; Bedeutung = der Sesshafte; chin. bedeutet Bo wertvoll.*
Bobby *Engl. Kosename für Robert; Abk. Bob.*
Bolle *Umgangssprachlich für Zwiebel.*
Bomber *Passender Name für Ihr „Dickerchen“.*
Bonito *Span. = hübsch, nett.*
Boris *Nach „Bobbele“, dem Tennisstar Boris Becker.*
Boy *Engl. = Junge, Knabe.*
Brahms *Dt. Komponist.*
Brian *Aus dem Keltischen; Bedeutung = der Hügel oder die Stärke.*
Bruce *Engl.; Bedeutung ungeklärt.*
Bruno *Althochdt. = der Bär.*
Buddy *Nach dem Rock-'n'-Roll-Sänger Buddy Holly.*

C

Calimero *Comicfigur; kleines schwarzes Küken, das einen Hut aus Eierschale trägt.*
Calvin *Nach dem Modeschöpfer Calvin Klein.*
Calypso *Tanz aus Trinidad.*
Cameo *Engl. = Kamee; auch Bezeichnung für langhaarige Perserkatzen.*
Camillo *Aus dem Lateinischen; Bedeutung = der Ehrbare.*
Campino *Sänger der dt. Band „Die Toten Hosen“.*
Cappuccino *Ital. Espresso mit aufgeschlagener Milch.*
Caramelo *Span. = Karamell (-zucker, -bonbon).*
Carlo *Ital. für Karl → Karlchen.*
Caruso *Ital. Opernsänger.*
Casanova *Ital. Abenteurer und Liebhaber.*
Cäsar *Aus dem Lateinischen; Hinweis auf das Geschlecht der Julier; Julius Cäsar, Herrscher des römischen Reiches.*
Catzilla *Figur aus dem Film „Mäusejagd“.*
Cecil *Engl. Name; aus dem Lateinischen „Cäcilius“, weist auf eine Familie hin.*
Champ *Engl. = schmatzen und Abk. für Champion.*
Charly *Kurzform von Charles → Karlchen.*
Cheese *Engl. = Käse.*
Chéri *Fanz. = Liebling.*
Cherry *Engl. = Kirsche.*
Chester *Altengl.; Bedeutung = von der Festung.*
Chi Chi *Ein süß schmeckender alkoholhaltiger Cocktail.*
Chico *Span. = klein, Junge.*
Chopin *Poln. Pianist und Komponist.*
Chris *Abkürzung für Christian; lat. = zu Christus gehörend.*
Cicero *Röm. Staatsmann, Redner und Philosoph.*
Clarence *Schielender Löwe aus der Fernsehserie „Daktari“.*
Clinton *Altengl. = von der Landspitze; amerik. Präsident Bill Clinton.*

Die witzigsten Namen für schwarze Kater

Haben Sie sich in ein tiefschwarzes Kuschelmonster verliebt und suchen nach einem passenden Namen? Hier eine kleine Auswahl für Ihr Teufelchen oder vielleicht gar Ihren Schmusebär: Afrika, Baghira, Black Boy, Black Jack, Blackberry, Black Pearl, Black Magic, Diablo, Midnight, Blacky, Mohrchen, Mohrle, Moreno, Negro, Onyx, Othello.

DER VERRÜCKTE SIAMKATER

Er ist der geborene Clown in meiner Katzengesellschaft. Schon als ganz Kleiner steckte er sein Näschen in alles, was ihm fressbar erschien, und natürlich in Dinge, die ihn gar nichts angingen. Sein tollstes Kunststück ist der Sprung in den offenen Kühlschrank. Hier liegt die begehrte Putenbrust, und das weiß mein Katerchen ganz genau. Weil er gar so verrückt ist, gab ich ihm den Namen Crazy (engl. = verrückt).

Clyde *Nach dem amerik. Gangsterpärchen „Bonny und Clyde".*
Coco *Franz. = Kokosnuss; auch nach Gabrielle Chanel (genannt Coco), Pariser Modeschöpferin.*
Colin *Engl./franz.Name; Bedeutung = Welpe.*
Columbus *Entdecker Amerikas.*
Cookie *Amerik. = Plätzchen; umgangssprachlich auch Pfundskerl, hübscher Käfer.*

D

Daiquiri *Ein Cocktail.*
Dali *Span. Maler.*
Damian *Griech./lat. = bändigen oder der Erfolg.*
Dante *Ital. Dichter.*
Darling *Engl. = Liebling.*
D'Artagnan *Einer der drei Musketiere.*
Darwin *Engl. Naturforscher.*
Da Vinci *Ital. Maler.*
Dean *Aus dem Englischen; Bedeutung = der Älteste.*
Dennis *Ursprünglich aus dem Lateinischen; Bedeutung = dem Gott Dionysos gewidmet.*

Derrick *Engl. Name, verwandt mit Dietrich; alter dt. Name; Bedeutung = Volk und mächtig.*
Dexter *Aus dem Lateinischen; Bedeutung = rechts (gelegen).*
Diablo *Span. = Teufel, Teufelskerl.*
Dickie *Verniedlichung des Wortes „dick" = engl. für Kerl, Bursche.*
Diddle *Comic-Figur (Diddle-Maus).*
Diego *Span. für Jakob; auch nach dem Fußballspieler Diego Maradona.*
Dino *Ital. Name; auch Abk. für Dinosaurier.*
Dixie *Jazzstil.*
Django *Westernheld.*
Domingo *Span. = Sonntag; auch nach dem Tenor Placido Domingo.*
Domino *Ital. Legespiel.*
Don Camillo *Eigensinniger katholischer Pfarrer in dem Film „Don Camillo und Peppone".*
Don Carlos *Nach der gleichnamigen Oper von Verdi.*
Dostojewski *Russ. Schriftsteller.*
Douglas *Aus dem Engl./Kelt. = vom dunklen Wasser, dunkelblau.*
Dracula *Titelfigur eines Vampirromans von B. Stoker.*
Drago *Abk. von Dragomir; slaw. = lieb, teuer, der Friede.*
Dr. Doolittle *Der mit den Tieren sprechen kann.*
Dreamer *Engl. = Träumer.*
Duffy *Nach der Comicfigur „Duffy Duck".*

Duncan *Schottischer König keltischen Ursprungs.*
Dustin *Aus dem Englischen; Bedeutung = der Tapfere.*

E

Eaerly *Engl. = früh(zeitig).*
Earl *Engl. Adelstitel (Graf).*
Ebony *Engl. = Ebenholz.*
Echnaton *Ägypt. König.*
Eco *Ital. Schriftsteller.*
Ed *Abk. für Eduard; Verwandt mit Edward; Bedeutung = der Besitz, der Hüter.*
Eddie *Abk. für Eduard → Ed.*
Edison *Amerik. Erfinder.*
Efendi *Türk. Ehrentitel.*
Einstein *Dt. Physiker.*
El Cid *Span. Freiheitskämpfer.*
El Greco *Span. Maler und Bildhauer griech. Herkunft.*
Elroy *Aus dem Englischen/Spanischen; Bedeutung = der König; Abk. El oder Roy.*
Elton *Nach dem Popsänger Elton John.*
Elvis *Nach dem Rock-'n'-Roll-Sänger Elvis Presley.*
Emerson *Amerik. Philosoph.*
Emil *Abgeleitet von dem lat. Namen Aemilius; Bedeutung = der Eifrige.*
Emilio *Span. für → Emil.*
Enrico *Ital. Form von Heinrich; aus dem Althochdeutschen; Bedeutung = Einfriedung, reich, mächtig.*
Enzo *Kurzform von → Enrico.*
Erasmus *Griech.; Bedeutung = liebenswürdig.*
Ernesto *Ital./span. Form von Ernst; alter dt. Name; Bedeutung = ernst, entschlossen.*
Eros *Griech. Gott der Liebe.*

Die originellsten Namen für Samtpfoten-Duos

Kater-Duos: Asterix & Obelix, Don Camillo & Peppone, Fred & Barny, Peter & Paul, Tom & Jerry, Max & Moritz.
Gemischte Duos: Adam & Eva, Bernhard & Bianca, Cäsar & Kleopatra, Pünktchen & Anton, Romeo & Julia, Tristan & Isolde, Yin & Yang, Bonny & Clyde.
Kätzinnen-Duos: Schneeweißchen & Rosenrot, Mona & Lisa, Mary & Lou, Lisa & Marie, Anna & Bella.

Errol *Aus dem Englischen; Bedeutung = der freie Mann.*
Espresso *Ital. Kaffee.*
Esprit *Franz. = Geist, Witz.*
Eugen *Aus dem Griechischen; Bedeutung = der Wohlgeborene.*

F

Fabian *Aus dem Lateinischen; ursprüngl. ein Familienname.*
Falko *Alter dt. Name; Bedeutung = der Falke.*
Felix *Aus dem Lateinischen; Bedeutung = der Glückliche.*
Fellini *Ital. Regisseur.*
Ferdinand *Althochdt. = der Friede, kühn.*
Fernando *Ital./span. für → Ferdinand.*
Ferrari *Luxuriöse Automarke, passend für Ihren „Flitzer".*
Fidelio *Oper von Beethoven.*
Figaro *Nach der Mozart-Oper „Die Hochzeit des Figaro".*
Filippo *Kurzform von Filibert; aus dem Griechischen; Bedeutung = Pferdefreund.*
Filou *Franz. = Gauner, Spitzbube.*
Flavio *Aus dem Lateinischen; ein Familienname.*
Fletcher *John Fletcher, engl. Dramatiker.*
Flori *Abk. → Florian.*
Florian *Lat. = der Schmucke.*
Foster *Verwandt mit dem franz. Namen Gaston; bezieht sich auf einen Heiligen.*
Foxi: *Engl. fox = Fuchs; passt zu Ihrem „Rotschopf".*
Francis *Katzenheld des Krimis „Felidae" von Akif Pirinçci.*
Frankie Boy *Spitzname des amerik. Sängers Frank Sinatra.*
Franklin *Aus dem Englischen; Bedeutung = der Landbesitzer.*
Freddy *Kurzform von Alfred oder Koseform von Fred.*
Frederic *Engl. für Friedrich; aus dem Althochdt.; Bedeutung = der Friede, mächtig.*
Freitag *Freund von „Robinson Crusoe".*

Fresco *Ital. Kurzform von Francesco → Francis.*
Fridolin *Abwandlung des Namens Friedrich → Frederic.*
Fritz *Kurzform von Friedrich → Frederic; Comicfigur „Fritz the Cat“.*
Fürst *Adelstitel; Name für den „wahren Herrscher“ im Haus.*
Fussel *Fädchen, Faserstückchen; beliebter Name für Kater mit mehrfarbigem Fell.*

Gabbiano *Ital. = Möwe.*
Gable *Nach dem amerik. Schauspieler Clark Gable.*
Gabriel *Hebr. = Mann Gottes.*
Gagarin *Russ. Kosmonaut.*
Gaius *Altröm. Vorname; Bedeutung ungeklärt.*
Galileo *Vorname des ital. Mathematikers Galilei.*
Gambler *Engl. = Spieler.*
Ganymed *In der griech. Mythologie „schöner Mundschenk“ des Zeus.*
Garfield *Comicfigur; frecher, fauler Kater.*
Garibaldi *Ital. Freiheitskämpfer.*
Garry *Altengl. Name; Bedeutung = der Speerbewaffnete.*
Gato *Span. = Katze.*
Gaucho *„Cowboy“ Südamerikas.*
Gavin *Engl. Name; Bedeutung wahrscheinlich Falke.*
Gelato *Ital. = Eiscreme.*
Gero *Kurzform von Namen wie Gerald; Bedeutung = Speer.*
Gershwin *Amerik. Komponist.*
Gigolo *Aus dem Italienischen; Eintänzer, auch im übertragenen Sinne für Frauenheld.*
Gin Fizz *Longdrink.*
Ginger *Engl. = Rotblond; passt zu Ihrem „Füchschen“.*
Gino *Ital. Kurzform von Namen mit der Endsilbe „ino“, wie z. B. Constantino.*
Giovanni *Ital. Form von Johannes → Jo.*
Glamour *Engl. = (Zauber-) Glanz, hinreißende Schönheit.*
Godot *Nach Samuel Becketts „Warten auf Godot“.*
Godzilla *Japan. Fantasymonster.*
Gogol *Russ. Schriftsteller.*
Goliath *Nach der biblischen Geschichte „David und Goliath“.*
Gonzales *Span. Nachname; nach der Comicfigur „Speedy Gonzales“, der schnellsten Maus der Welt.*
Grandioso *Span. = großartig, grandios, herrlich.*

Namen zum Sternzeichen Widder, Stier, Zwillinge

Widder männlich: Al Capone, Carlo, Felix, Jimmy, Lincoln, Merlin, Ramses.
Widder weiblich: Aisha, Caprice, Gracia, Kim, Lucie, Serafina, Shirley, Valeria, Vivian.
Stier männlich: Adrian, Benny, Elvis, Florian, Garfield, Lazy, Obelix, Paulchen, Yogi.
Stier weiblich: Evita, Farah, Gina, Grenadine, LouLou, Sally, Scarlett, Suleika.
Zwillinge männlich: Dali, Leonardo, Mischa, Karlchen, Sammy.
Zwillinge weiblich: Alida, Halina, Magali, Mariposa, Marusha, Marilyn, Nina, Sheila.

Grischa *Russ. für Gregor; Bedeutung = der Wachsame.*
Grog *Heißes Getränk mit Rum.*
Guapo *Span. = hübsch, schick.*
Guinness *Irische Brauerei-Dynastie; schwarzes Starkbier; Buch der Rekorde.*
Gulliver *Nach dem Roman „Gullivers Reisen" von Jonathan Swift.*
Gus *Abk. von → Gustaf.*
Gustaf *Aus dem Schwedischen; Bedeutung = Gott, Stab, Stütze.*

H

Hamlet *Titelheld (Dänenprinz) aus dem gleichnamigen Shakespeare-Drama.*
Hannibal *Feldherr und Staatsmann Karthagos.*
Happy *Engl. = glücklich; für Kater mit sonnigem Gemüt.*
Hardy *Kurzform von Namen mit der Anfangssilbe „Hard"; althochdt. = hart, mutig.*
Harlekin *Passender Name für Ihren „Katzen-Clown".*
Harley *Teil des Namens einer berühmten Motorradlegende (Harley Davidson).*
Harrison *Engl. Name; Bedeutung = Harrys Sohn.*
Harry *verwandt mit → Heinrich.*
Hartmann *Aus dem Althochdeutschen; Bedeutung = hart, der Mann; eigenwilliger Name für einen Kater.*
Heinrich *Aus dem Althochdeutschen; Bedeutung = reich, mächtig.*
Helios *Griech. Sonnengott.*
Hemingway *Amerik. Schriftsteller mit einer Vorliebe für Katzen.*
Hennessy *Sprechender Kater in dem Kinderbuch „Kater Hennessy" von Pamela Dalton.*
Henry *Engl. für → Heinrich.*
Herbie *Koseform von Herbert; aus dem Althochdeutschen; Bedeutung = der Herr, glänzend.*
Herkules *Griech. Sagenheld und Halbgott.*
Hermann *Althochdt.; Bedeutung = das Heer.*
Hermes *Griech. Gott, Sohn des Zeus.*
Hero *Engl. = Held.*
Herr Meyer *Passt zu Katern mit „Persönlichkeit".*
Hieronymus *Griech. = der heilige Name.*
Higgins *Nach Professor Higgins aus „My fair Lady".*
Hitchcock *Meister des Psychothrillers.*
Holmes *Berühmter Detektiv in Erzählungen von A. C. Doyle.*
Homer *Griech. Dichter.*
Hoover *Amerik. Nachname.*
Hopkins *Nach dem engl. Schauspieler Anthony Hopkins.*

DAS IST KARLCHEN

Keiner wollte ihn. Wir nahmen den kleinen Kater mit nach Hause. Würde er sich mit Agathe, unserer alten Katzendame, vertragen? Agathe begrüßte ihn mit Fauchen. Doch der Kleine ließ sich nicht beeindrucken. Mit stolz gerecktem Kopf und hochgestelltem Schwänzchen marschierte er einfach an Agathe vorbei. Deshalb nannten wir ihn nach Karl dem Großen, und weil er noch so klein war: Karlchen.

Die schönsten Namen für Prinz und Prinzessin

Sie haben einen starken Willen. Was sie wollen, bekommen sie. Ihre Menschen ordnen sich ihnen bedingungslos unter. Hier eine Auswahl passender Namen. Kater: Agamemnon, Cäsar, Fürst, Earl, Efendi, Grandioso, King, Napoleon, Shogun, Xerxes, Zar. Kätzinnen: Asina, Baronesse, Comtesse, Diva, Donna, Mira, Mylady, Primadonna, Prinzessin, Queen, Zaida.

Houdini *Einer der berühmtesten Zauberkünstler der Welt.*
Hugo *Kurzform von Namen mit der Anfangssilbe „Hug"; Bedeutung = Verstand, kühn.*
Hunter *engl. = Jäger; ein passender Name für „Jäger auf Samtpfoten".*
Hurricane: *Engl. = Sturm, Orkan; passt gut zu Ihrem „Wirbelwind".*

I

Idefix *Comicfigur; süßer kleiner Hund des Obelix.*
Igor *Russ. Name, bezieht sich auf Ingvar → Ingo.*
Ikarus *Sohn des Dädalus, der mit Hilfe von Flügeln aus Federn und Wachs fliegen konnte.*
Indiana *Nach der Filmfigur „Indiana Jones", der als Archäologe viele Abenteuer zu bestehen hat.*
Indian Summer *Bezeichnung für eine wunderschöne Laubfärbung des Waldes im Herbst.*
Indigo *„Indisches" Blau, der älteste blaue Farbstoff.*
Ingo *Bezieht sich auf den germanischen Gott Ingwio.*
Isidor *Aus dem Griechischen; erinnert an die Göttin Isis.*
Ivan *Russ. Name, abgeleitet von Johannes → Jo.*
Ivanhoe *Legendärer Ritter, der gegen die Unterdrückung der Armen kämpfte.*
Ivory *Engl. = Elfenbein.*

J

Jack *Engl. Kurzform von Namen wie Jakob.*
Janis *Abk. von Johannes → Jo.*
Janosch *Dt. Schriftsteller und Illustrator (Horst Eckert).*
Jason *Aus dem Griechischen; Bedeutung = der Heilende; Abk. Jay.*
Jerry *Nach den Comicfiguren „Tom & Jerry"; Jerry ist eine freche Maus.*
Jimmy *Kosename von Jim; engl. Kurzform von James/Jakob.*
Jo *Abk. von Johannes; aus dem Hebräischen; Bedeutung = Gott ist gnädig.*
John Boy *Netter Junge aus der Fernsehserie „Unsere kleine Farm".*
Jojo *Ein Geschicklichkeitsspiel mit Fadenrolle.*
Joker *Engl. = Spaßvogel.*
Joujou *Franz. = Spielzeug.*
Julius *Aus dem Lateinischen; nach dem altröm. Geschlecht der Julier; Name vieler Päpste.*
Justus *Aus dem Lateinischen; Bedeutung = der Gerechte.*

K

Kafka *Deutschsprachiger Schriftsteller aus Prag.*
Kakao *Für Kater mit schönem braunem Fell.*
Kalle *Kosename für Karl → Karlchen.*
Karajan *Österr. Dirigent; passend für Ihren „musikalischen" Kater.*
Karlchen *Koseform von Karl; Bedeutung im Mittelhochdeutschen = freier Mann.*
Karlsson *Nach „Karlsson vom Dach" von Astrid Lindgren.*
Kasimir *Slaw. Name; Bedeutung = verkünden, der Friede; liebenswerter getigerter Kater in einer Comic-Serie.*
Kevin *Engl.; Bedeutung = hübsch; „Satansbraten" in dem Film „Kevin allein zu Haus".*
Kimba *Kleiner kluger weißer Löwe aus der gleichnamigen Comic-Serie.*
King *Engl. = König; der absolute Herrscher in Ihrem Heim.*
Kismet *Arab. = Schicksal.*

WIE JOJO ZU SEINEM NAMEN KAM

Kennen Sie eine Katze, die ständig hin und her läuft oder beim Hochspringen mit allen vier Pfoten in der Luft „steht", wenn sie eine „Beute" fangen will? Nein? Dann wissen Sie nichts von Jojo. Er konnte nur nach dem bekannten Geschicklichkeitsspiel „getauft" werden. Sein liebstes Spielzeug ist die Katzenangel: ein Mäuschen aus Fell an einer Gummischnur, die man vor ihm hin und her bewegen muss. Dann ist Jojo in seinem Element.

Kojak *Amerik. Fernsehserie mit dem „Glatzkopf" Telly Savalas.*
Konrad *Alter dt. Name; Bedeutung = kühn, Ratgeber.*
Krümel *Liebevoll für Ihren kleinen Kater.*
Kuno *Abk. von → Konrad.*
Kuschel *Passt zu Ihrem „Kuschelmonster".*

L

Larry *Beliebter amerik. Name.*
Laslo *Ung. Ableitung von Ladislaus; slaw. = Macht, Ruhm.*
Lawrence *Engl. Schriftsteller, Archäologe und Agent, genannt „Lawrence von Arabien".*
Lazy *Engl. = faul, träge; passend für Wonneproppen.*
Lemmon *Amerik. Komiker; passender Name für „Katzen-Clowns".*
Leo *Lat. = der Löwe.*
Leon *Aus dem Griechischen; Bedeutung = der Löwenstarke.*
Leonardo *Ital. für Leonhard; Bedeutung = der Löwe, hart.*
Leroy *Engl. Name keltischen Ursprungs; Bedeutung roy = rot.*
Lester *Moderner engl. Name.*
Levi *Aus dem Hebräischen; Bedeutung = zugetan.*
Lincoln: *16. amerik. Präsident.*
Lion *Engl. = Löwe; passt zu großen Katern.*
Loco *Span. = verrückt; Name für Kater mit „Allüren".*
Lolek *Poln. für Karl → Karlchen.*
Lolly *Engl. lollipop = Lutscher; passt zu Ihrem süßen Kuschelmonster.*
Lord *Engl. Adelstitel; für Kater „mit Würde".*
Loriot *Nach Vicco von Bülow, dt. Karikaturist und Komiker.*
Louis *Franz. für Ludwig; alter dt. Name; Bedeutung = berühmt, Kampf.*
Löwchen *Liebevoller Name für Kater mit Löwenmähne.*
Lucky *Engl. = glücklich; für Kater mit sonnigem Gemüt.*
Luigi *Ital. für Ludwig → Louis.*
Lukas *Aus dem Griechischen; Bedeutung = der Lucanier.*

M

Malcolm *Aus dem Gälischen; bedeutet eine Ortsbestimmung.*
Manolo *Span. Kurzform von Manuel; aus dem Hebräischen; Bedeutung = Gott mit uns.*
Marco *Kurzform von Markus; lat. = der Kriegerische.*
Max *Kurzform von Maximilian; Bedeutung = aus dem Geschlecht des Maximus.*
Maxim *Lat. = der Größte.*
Merlin *Keltischer Zauberer.*
Merlot *Eine Rebsorte.*
Mikesch: *Katzenheld eines tschech. Kinderbuchs.*
Mischa *Kurzform von Michael; hebräisch = Wer ist Gott?*
Mohrle, Mohrchen *Beliebt für schwarze Kater.*
Moppel *Liebevoll für Ihr „Dickerchen".*
Moritz *Einer der Lausbuben aus „Max und Moritz".*
Mortimer *Aus dem Englischen; einst eine Ortsbezeichnung;*
Mr. Bombastic *Toller Lover nach dem gleichnamigen Song.*
Mucki *Muckis = umgangsspr. Bezeichnung für Muskeln.*
Murphy *Nach dem amerik. Komiker Eddie Murphy.*
Murr *Der sprechende Kater aus „Lebensansichten des Katers Murr" von E. T. A. Hoffmann.*
Mylord *Engl. = Gnädiger Herr.*

Nabucco *Oper von Verdi.*
Napoleon *Franz. Kaiser; passend für Kater mit einem starken Willen.*
Nathan *Hebr. = Geschenk; auch nach dem Drama „Nathan, der Weise" von Lessing.*
Nelson *Engl. Admiral.*
Nemo *Kapitän Nemo in einem Roman von Jules Vernes.*
Nepomuk *Böhmischer Heiliger.*
Neptun *Gott des Meeres.*
Nero Corleone *Mutiger Kater in dem gleichnamigen Roman von Elke Heidenreich.*
Nestor *Griech. Sagenheld, bekannt für seine Beredsamkeit.*
Nicki *Koseform von Nikolaus → Nils.*
Nils *Schwed. Form von Nikolaus; aus dem Griechischen; Bedeutung = Sieger, Volk.*
Nimbus *So heißt der Hexenbesen von „Harry Potter".*
Nino *Ital. Kurzform von Angelo → Anton.*
Nougat *Konfekt aus gerösteten Nüssen oder Mandeln.*

Obelix *Liebenswertes Dickerchen aus der Comic-Serie „Asterix und Obelix".*
Odin *Nordgerman. Gott.*
Odysseus *Sagenhafter kluger und tapferer König von Ithaka.*
Olli *Engl. Abk. von Oliver; franz.: Olivier; Bedeutung = der Olivenbaum.*
O'Neill *Irischer Nachname.*
Onyx *Schwarzer Halbedelstein.*
Opal *Schmuckstein mit buntem Farbspiel.*
Orion *Sternbild; in der griech. Mythologie Sohn des Poseidon.*
Orlando *Span./ital. für Roland; althochdt. = Ruhm, glänzend.*
Orpheus *Begnadeter Sänger der griech. Sage.*
Oskar *Abwandlung von Ansgar; Bedeutung = Gott, Speer.*
Othello *„Der Mohr von Venedig" in dem gleichnamigen Drama von Shakespeare.*
Ouzo *Griech. Anisschnaps.*

Pablo *Span. Form von Paul, → Paulchen.*
Paddy *Engl. Kosename von Patrick; aus dem Lateinischen; Bedeutung = der Patrizier.*
Panther *Leopard; gefleckte oder schwarze Großkatze.*
Paolo *Ital. Form von Paul.*
Paris *Er entführte die „schöne Helena".*
Parzival *Held der Artus-Sage.*
Pascha *Ehemals höchster türk. Offiziers- und Beamtentitel.*

Die schönsten Namen für Smarties und Softies

Sie lösen alles in Ruhe und mit Verträglichkeit. Ihren Menschen begegnen sie liebevoll und zärtlich. Das sind Namen, die besonders gut zu den Sanften passen:
Kater: Amigo, Avalon, Benito, Diamond, Drago, Dreamer, Tobi, Sweety.
Kätzinnen: Goldie, Gwendolyn, Harmony, Loreley, Luna, Melody, Penelope, Ninifee.

Paulchen *Koseform für Paul; lat. = der Kleine.*
Pedro *Span. Form von → Peter.*
Pepino *Span. = Gurke.*
Pepper *Engl. = Pfeffer; grauer Streuner in mehreren Charly-Chaplin-Filmen.*
Peppone *Starrköpfiger Bürgermeister in dem Film „Don Camillo und Peppone".*
Percy *Engl. Kurzform für → Parzival.*
Perry *Engl. Name, Kurzform von Peregrin; lat. peregrinus = der Fremdling.*
Peter *Griech. pedros = Fels.*
Picasso *Span. Maler.*
Piccoli *Franz. Schauspieler.*
Piet *Kurzform von → Peter.*
Pinky *Engl. pink = Nelke, rosafarben.*
Pinocchio *Marionette, die nach vielen Abenteuern zu einem lebendigen Jungen wird.*
Pitù *Brasilianischer Schnaps aus Zuckerrohr.*
Popeye *Comicfigur, Seemann, der vom Spinatessen stark wird.*
Priamos *König von Troja.*
Primel *Eine Blumenart (Schlüsselblume).*
Primus *Lat. = der Erste.*
Puma *Gelblich bis silbergrau gefärbte Katze (Silberlöwe).*
Pumuckl *Kobold aus dem gleichnamigen Buch.*

Q

Quax *Nach dem Film „Quax, der Bruchpilot".*
Quincy *Gerichtsmediziner aus der gleichnamigen Serie.*
Quinn *Nach dem amerik. Schauspieler Anthony Quinn.*
Quirin *Kurzform von Quirinus; lat. = Lanzenträger.*
Quo vadis *Lat. = Wohin gehst du?*

R

Rambo *Actionheld in den gleichnamigen Filmen.*
Ramiro *Könige von Aragon.*
Ramses *Ägypt. Könige.*
Ricardo *Ital./span. Form von Richard; althochdt. = kühn.*
Rico *Span./ital. Kurzform von → Ricardo.*
Ringo *Nach Ringo Starr, dem Drummer der Beatles.*
Robby *Engl. Kurzform von Robert.*
Robin *Engl. = Rotkehlchen.*
Rocco *Ital.; aus dem Althochdeutschen; Bedeutung = Kriegsruf.*
Romeo *Titelheld eines Trauerspiels von Shakespeare.*
Ronaldo *Brasil. Fußballspieler.*
Rossini *Ital. Opernkomponist.*
Roy *Aus dem Keltischen; Bedeutung = rot.*
Rubens *Flämischer Maler.*
Rufus *Lat. = der Rote.*
Rusty *Engl. = rostig.*

DR. DOOLITTLE, DER DIPLOMAT

Er war der Dritte in unserer Katzengesellschaft. Würde es gut gehen mit den dreien? Doch der kleine Kater erwies sich als überaus diplomatisch. Er ärgerte die „Alten" nie bis zum Äußersten. Schnell war er der Liebling aller. Sogar mit dem Zwergkaninchen unserer Nachbarn wurde er bald ein „Herz und eine Seele". Weil er offenbar sogar die Sprache anderer Tiere verstand, nannten wir ihn Dr. Doolittle.

Sam, Sammy *Abgeleitet von Samuel; aus dem Hebräischen; Bedeutung = von Gott erhört.*
Sandro *Ital. Kurzform von Alexander → Alex.*
Schirokko *Heißer Wüstenwind aus der Sahara.*
Schmidtchen *Passt zu einem „einmaligen" Allerweltskater.*
Scooter *Engl. = rasen, flitzen.*
Shadow *Engl. = Schatten, Phantom.*
Shakespeare *Engl. Dramatiker und Lyriker.*
Sherry *Span. Wein aus Jerez.*
Shiva, Shiwa *Im Sanskrit = der Gnädige; einer der Hauptgötter des Hinduismus.*
Shogun *Japan. kaiserlicher Feldherr.*
Shorty *Engl. short = kurz, klein, gedrungen.*
Silver *Engl. = Silber.*
Silvester, Sylvester *Lat.; Bedeutung = bewaldet.*
Simba *Disneys „König der Löwen".*
Sir Lionel *Engl. lion = Löwe; hübscher Name für imposante Kater mit Löwenmähne.*
Smartie *Engl. smart = pfiffig, geschickt, schick, flott.*
Smoky *Engl. = qualmend, rauchig, dunstig, rauchgrau.*
Snob *Engl. = „Großtuer".*
Snowball *Engl. = Schneeball.*
Socks *Engl. = Socken; Kater von Bill Clinton.*
Sokrates *Griech. Philosoph.*
Sugar *Engl. = Zucker.*
Sumo *Jap. Ringkampf.*
Sunny(boy) *Engl. = sonnig, sonniges Gemüt.*

Namen zum Sternzeichen Krebs, Löwe, Jungfrau

Krebs männlich: Alex, Andy, Campino, Elton, Pepper.
Krebs weiblich: Bella, Daisy, Minou, Mona, Raja.
Löwe männlich: Kimba, Lion, Lionel, Nero, Simba.
Löwe weiblich: Aurelia, Davina, Kiara, Nala, Oktavia.
Jungfrau männlich: Amigo, Calimero, Fernando, Rico.
Jungfau weiblich: Celina, Irina, Luna, Momo, Ornella.

Tacitus *Röm. Historiker.*
Taifun *Chin. = großer Wind.*
Tango *Argent. Tanz.*
Taranis *Himmelsgott in der keltischen Mythologie.*
Tarzan *Der Affenmensch; Comicfigur und Filmheld.*
Tatoo *Tätowierung.*
Teddy *Der richtige Name für Ihr „Bärchen".*
Tigger *So heißt der Tiger aus Disneys „Winnie the Pooh".*
Tizian *Ital. Maler.*
Tobi, Tobbi, Toby *Kurzform von Tobias; aus dem Hebräischen; Bedeutung = Gott ist gütig.*
Tom *Kater aus dem Comic „Tom & Jerry".*
Topas *Schmuckstein.*
Topolino *Auto-Typ von Fiat.*
Toro *Span. = Stier, Bulle.*
Tristan *Aus dem Keltischen; Bedeutung = das Waffengeklirr; auch nach der Oper „Tristan & Isolde" von Richard Wagner.*
Tyson *Amerik. Boxer, mehrmaliger Weltmeister.*

Umberto *Ital. Form von Humbert; aus dem Althochdeutschen; Bedeutung = junger Bär, glänzend.*
Unico *Span./ital. = einzigartig.*
Unikat *Einzige Ausfertigung; und Ihr Kater ist ja einmalig.*
Uragamo *Ital. = Orkan.*
Uranus *Griech. Gott des Himmels.*
Urmel *Liebenswertes sprechendes Fabeltier; Star der „Augsburger Puppenkiste".*
Ustinov *Engl. Schauspieler und Schriftsteller.*

Vasco *Nach dem portug. Seefahrer Vasco da Gama.*
Verdi *Ital. Opernkomponist.*
Viktor *Aus dem Lateinischen; Bedeutung = der Sieger.*
Vino *Span. = Wein.*
Visconti *Ital. Filmregisseur.*
Vivaldi *Ital. Geiger und Komponist.*
Voltaire *Franz. Philosph und Schriftsteller.*

Wallace *Englischer Vorname; ursprünglich schottischer Nachname.*
Wanja *Russische Kurzform von Ivan → Jo.*
Wassili *Russische Form von Basilius; aus dem Griechischen; Bedeutung = der König.*
Watson *Gefährte von „Sherlock Holmes".*
Wenzel *Kurzform von Wenzeslaus; slawischer Name; Bedeutung = mehr, Ruhm.*
Whisper *Englisch = flüstern, raunen.*
White *Englisch = weiß.*
Wilson *Englischer Vorname; Wilson = Sohn des William.*
Wim *Kurzform von Wilhelm; Bedeutung = Wille, Helm.*
Windsor *Englisches Königshaus.*
Winnetou *Berühmtester Indiander Karl Mays.*
Woody *Nach dem amerik. Schauspieler, Drehbuchautor und Regisseur Woody Allan.*
Wotan *Hauptgott der Germanen.*

Xaver *Span. Name, vor allem in Süddeutschland bekannt; nach einem Schloss in Spanien.*
Xenox *Engl. Name griech. Herkunft; Bedeutung = der Fremde.*
Xerxes *Perserkönig.*

Yang *Eine der beiden gegensätzlichen Kräfte in der chin. Philosophie, „Yin und Yang".*
Yanic *Franz. Name; verwandt mit Jean/Johannes → Jo.*
Yankee *Spitzname für die Bewohner Neuenglands (USA).*
Yellow *Engl. = gelb.*
Yeti *Legendärer Schneemensch im Himalaja-Gebirge.*
Yogi *Comicfigur; ein verfressener liebenswerter Bär im Yellowstone Park (USA).*
Yoster *„Gentleman-Detektiv" in der Serie „Graf Yoster".*

Zar *Ehemaliger Herrschertitel in Russland, Serbien und Bulgarien.*
Zeus *Höchster Gott in der griech. Mythologie.*
Zille *Dt. Maler, Fotograf und Grafiker.*
Zola *Franz. Schriftsteller.*
Zorro *Legendärer span. Volksheld, oft in Comics dargestellt.*
Zoltan *Ung.; hergeleitet von Sultan, einem Ehrentitel.*

Die schönsten Namen für liebenswerte Abenteurer

Solche Katzen sind allem Neuen gegenüber aufgeschlossen. Für sie kann es gar nicht abwechslungsreich genug sein. Sie mögen sogar fremden Besuch – und das will bei vielen Katzen etwas heißen. Passende Namen für die kleinen „Wilden" sind: Kater: Allegro, Amarant, Aqua, Asterix, Barny, Calypso, Columbus, Errol, Esprit, Filou. Kätzinnen: Allegra, Camira, Fanny, Karla, Liz, Pepsi, Ronja, Molly, Xenia.

Die schönsten Namen für Kätzinnen

A

Abelina *Aus dem Hebräischen; Bedeutung = Hauch; Abk. Lina.*
Abigail *Engl. Name; aus dem Hebräischen; Bedeutung = Vaterfreude; Abk. Abbie, Abby.*
Adriana, Adriane *Aus dem Lateinischen; Bedeutung = von der Adria.*
Agatha, Agathe *Aus dem Griechischen; Bedeutung = die Gute.*
Agneta *Eine der Sängerinnen der schwed. Popgruppe „Abba".*
Aida *Aus dem Arabischen; Bedeutung = zurückkehren.*
Aimée *Franz. Name; aus dem Lateinischen; Bedeutung = die Geliebte.*
Aisha *Arab. = das Leben; Lieblingsfrau Mohammeds.*
Akira *Japan. = Glanz, Klarheit.*
Alabaster *Weiße marmorähnliche Gipsart.*
Alaska *Nördl. Staat der USA.*
Alba *Aus dem Lateinischen; Bedeutung = die Perle.*
Alhambra *Span./arab. = die Rote; Schloss in Südspanien.*
Alida *Koseform von Adelheid; aus dem Althochdeutschen; Bedeutung = edel.*
Alina *Abgeleitet von → Helena.*
Alischa *Variante von Alice → Alison.*

Klangvolle Namen für weiße Schönheiten

Sie sind wunderschön mit ihrem weißen Fell. Das Besondere verlangt auch einen besonderen Namen. Nennen Sie Ihre Schönheit zum Beispiel: Alabaster, Alaska, Arktika, Blanca, Blanche, Crystal, Diamond, Icequeen, Icecream, Pearl, Schneeflöckchen, Schneekönigin, Schneewittchen, Snowball, Vanilla, White, Whitney.

Alison *Abgeleitet von Elisabeth → Bessy.*
Allegra *Ital. Name; Bedeutung = die Lebhafte.*
Amalia *Alter Name; Bedeutung = tapfer.*
Amanda *Aus dem Lateinischen; Bedeutung = die Liebenswerte; Abk. Amy.*
Amarena *Eine Kirschsorte.*
Amaryllis *Blume mit trichterförmigen rosenroten Blüten.*
Amelie *Form von → Amalia.*
Amiga *Span. = Freundin.*
Annabell, Anabella, Anabel *Ital.; zusammengesetzt aus „Anna" und „bella" = die Schöne.*
Angelina *Variante von Angela; Bedeutung = der Engel.*
Aphrodite *Griech. Göttin der Liebe und der Schönheit.*
Aponi *Indian. = der Schmetterling.*
Arabella *Span. Name; Bedeutung = die schöne Araberin.*
Arktika *Meere und Landgebiete um den Nordpol.*
Arlene *Engl./ir. Name; Bedeutung = das Kind.*
Artemis *Griech. Göttin der Jagd und des Tierreichs.*
Arusha *Nach einer afrik. Stadt.*
Asina *Nord. Name; Bedeutung = die Göttin.*

Athene *Griech. Göttin der Weisheit und Kunst.*
Atlantis *Sagenhafte Insel im Atlantischen Ozean.*
Aurelia *Aus dem Lateinischen; Bedeutung = die Goldene.*
Aurora *Röm. Göttin der Morgenröte.*

B

Babette *Franz. Name, hergeleitet von → Babsi.*
Babsi *Abk. für Barbara; Bedeutung = die Fremde.*
Baccara *Eine Rosensorte; span. Gesangsduo; Kartenspiel.*
Bambini *Ital. = die Kinder.*
Bammbamm *Kind von Betty und Barney aus dem Comic „Familie Feuerstein".*
Barbarella *Comic- und Filmfigur; Agentin, die die Menschheit rettet.*
Baroness *Adelstitel.*
Bastet *Ägypt. Göttin mit Katzenkopf.*
Batida *Kokoslikör (Batida de Coco).*
Beauty *Engl. = Schönheit.*
Belinda *Wahrscheinlich abgeleitet von ital. → Bella.*
Bella *Kurzform von Namen wie Arabella; Bedeutung = die Schöne.*
Belladonna *Tollkirsche.*
Bellissima *Ital. = wunderschön.*
Benita *Abk. von Benedikta; aus dem Lateinischen; Bedeutung = die Gesegnete.*
Bessy *Engl. Kurzform von Elisabeth; Bedeutung = mein Gott ist vollkommen.*
Bianca *Nach Disneys „Bernhard und Bianca", zwei süße Mäuschen.*
Bibi *Liebe kleine Hexe der Hörspiele „Bibi Blocksberg".*
Bijou *Franz. = Juwel.*
Blanca *Romanischer Name; Bedeutung = weiß.*
Blanche *Franz. Form von → Blanca.*
Blini *Russische, lecker gefüllte Teigtaschen.*

Die schönsten Namen für das ewige Kind

Diese Katzen sind für jeden Unsinn zu haben und bleiben bis ins hohe Alter sehr verspielt. Sie lieben die Geborgenheit. Zu ihnen passen folgende Namen:
Kater: Bajazzo, Crazy, Felix, Faustus, Gin Fizz, Harlekin, Jojo, Joker, Joujou, Pitù.
Kätzinnen: Bambina, Batida, Bibi, Darling, Candy, Happiness, Kiki, Kitty, Nena, Serena.

Blue Angel *Engl. = blauer Engel.*
Bluebell *Engl. = blaue Glockenblume (in Schottland).*
Bonita *Aus dem Spanischen; Bedeutung = die Schöne.*
Bonnie, Bonny *Abk. von → Bonita; auch nach dem amerik. Gangsterpärchen „Bonny und Clyde".*
Bubbles *Engl. = Luft-, Seifenblasen.*
Bunny *Engl. = Kaninchen.*
Butterfly *Engl. = Schmetterling.*

C

Callas *Berühmte Opernsängerin.*
Camena *Weissagende Nymphe der griech. Mythologie.*
Camilla, Camille *Aus dem Lateinischen; camillus = ehrbar.*
Camira *Aus der Sprache der Aborigines; Bedeutung = Wind.*
Candy *Amerik. = Süßigkeit.*
Caprice *Franz. = Laune.*
Cara *Aus dem Lateinischen; Bedeutung = wert, lieb.*
Celina, Celine *Verwandt mit Cäcilie → Cilia.*
Charisma *Eine besondere Ausstrahlung.*
Cher *Nach der amerik. Sängerin und Schauspielerin.*
Chérie *Franz. = Liebling.*
Chica *Span. = Mädchen.*
Chili *Paprikaart; liefert den Cayenne-Pfeffer.*
Chin-Chin *Engl. = „Prost!"*
Chou Chou *Franz. mon chou = mein Liebling.*
Cilia *Kurzform von Cäcilia; weist auf eine Familie hin.*

SCHNEEPFÖTCHEN

Es war eine bitter kalte Winternacht. Wir saßen im Wohnzimmer am gemütlich warmen Kamin. Plötzlich kratzte etwas von außen gegen die Terrassentür. Schnell öffnete ich. Die vier Pfötchen voller Schnee, taumelte ein Kätzchen ins Zimmer. Und so kam Schneepfötchen zu ihrem Namen. Von der weißen Pracht will unser Liebling seitdem nicht mehr viel wissen. Raus, solange Schnee liegt? Nein, danke, das ist nichts für Schneepfötchen.

Cinderella *Walt Disneys „Aschenputtel".*
Cindy *Kurzform von* → *Cinderella.*
Circe *In der griech. Sage eine Zauberin und Verführerin.*
Claire *Franz. Form von Clara; Bedeutung = hell, klar.*
Clarissa *hergeleitet von* → *Claire.*
Colette *Franz. Schriftstellerin.*
Comtesse, Comtessa *Franz./ital. Bezeichnung für eine unverheiratete Gräfin.*
Cosima *Aus dem Griechischen; Bedeutung = die Sittsame.*
Cosy *Engl. = gemütlich, behaglich, mollig.*
Crystal *Engl. = Kristall.*
Curie *Nach der franz. Chemikerin Marie Curie.*
Cynthia *Aus dem Englischen/Griechischen; Bedeutung = vom Berg Cynthos stammend.*

D

Daisy *Aus dem Englischen; Bedeutung = Gänseblümchen.*
Daliah *Nach der israel. Sängerin Daliah Lavi.*
Daphne *Eine schöne Nymphe in der griech. Mythologie.*
Darling *Engl. = Liebling.*
Davina *Aus dem Hebräischen; Bedeutung = geliebt.*

Debby *Abk. von Deborah; aus dem Hebräischen; Bedeutung = Biene.*
Delia *Aus dem Griechischen; Bedeutung = von der Insel Delos stammend.*
Diamond *Engl. = Diamant.*
Diana *Röm. Göttin der Jagd und des Mondes.*
Dina *Kurzform von Christina; aus dem Lateinischen; Bedeutung = die Gesalbte.*
Diva *Aus dem Lateinischen; Bedeutung = die Göttliche.*
Dolly *Engl. Kurzform von Dorothea; aus dem Griechischen; Bedeutung = Geschenk Gottes.*
Donna *Ital./span./portug. = Frau, Herrin.*
Dorle *Abk. von Dorothea* → *Dolly.*
Dornröschen: *Märchenfigur; Königstochter, die wachgeküsst wurde.*
Duchesse *Die Katzenmutter in Disneys „Aristocats".*
Dunja *Slaw. Name; aus dem Griechischen; Bedeutung = wohlgefällig.*

E

Edina *Ungar. Name; Herkunft ungeklärt.*
Eileen *Engl. Form von Helena; aus dem Griechischen; Bedeutung = die Glänzende.*
Elektra *In der griech. Sage Tochter des Agamemnon.*
Elfe *Kleiner weibl. Naturgeist.*
Eliza *Figur aus „My fair Lady".*
Ellinor *Aus dem Arabischen; Bedeutung = Gott ist mein Licht.*

Elmira *Aus dem Arabischen; Bedeutung = die Fürstin.*
Eloisa *Aus dem Althochdeutschen; Bedeutung = gesund, groß.*
Elsie, Elsy *Engl. Kurzform von Elisabeth → Bessy.*
Emilia *Weibl. Variante von → Emil.*
Emma, Emmi *Kurzform von Namen mit der Anfangssilbe „Irm", wie Irmlinde; aus dem Althochdeutschen; Bedeutung = gewaltig.*
Engel *Nur so kann für Sie Ihre geliebte Katze heißen.*
Esmeralda *Span. Vorname; Bedeutung = Smaragd.*
Estella *Ital. Vorname; Bedeutung = der Stern; in Frankreich: Estelle, in Spanien: Estrella.*
Eva *Aus dem Hebräischen; Bedeutung = Lebensspenderin.*
Evita *Span. Form von → Eva.*

F

Fabia *Aus dem Lateinischen; Hinweis auf eine röm. Familie.*
Fancy *Engl. = Einbildungskraft, Fantasie, Verspieltheit.*
Fanni, Fanny *Kurzform von Franziska; aus dem Lateinischen; Bedeutung = die Freie.*
Farah *Arab. Name; Bedeutung = die Freude; Abk. Ava.*
Fatima, Fatma *Tochter des Propheten Mohammed.*
Fay *Engl. Vorname; fay = Fee.*
Fee *Märchengestalt.*
Felicitas *Aus dem Lat.; Bedeutung = die Glückliche.*
Fenja *Friesischer Name.*
Fidelia *Span. Name; Bedeutung = getreu, ehrlich.*

Die schönsten Namen für kleine Mimosen

Damit die Sensibelchen unter den Katzen zutraulich werden, hilft nur Einfühlungsvermögen und Geduld. Zu den „Seelchen" passen folgende Namen:
Kater: Amati, Bo, Cicero, Gabbiano, Ganymed, Homer, Paulchen, Vivaldi.
Kätzinnen: Cara, Dornröschen, Elfe, Greta, Lea, Lyra, Shy.

Finia *Aus dem Baskischen; Bedeutung = fein, zärtlich.*
Fiona *Aus dem Gälischen; Bedeutung = schön, weiß.*
First Lady *Engl. = Erste Dame.*
Flavia *Aus dem Lateinischen; ein röm. Geschlechtername.*
Fleur *Franz. Vorname; fleur = Blume, Blüte.*
Florentina *Aus dem Lateinischen; Bedeutung = im blühenden Alter.*
Fortuna *Röm. Glücksgöttin.*
Frou-Frou *Franz. = rascheln.*
Funny *Engl. = lustig.*

G

Galina *Russ Vorname; Bedeutung = Friede, Ruhe; Abk. Gala.*
Ganja *Kurzform von → Galina.*
Gatta *Ital. = Katze.*
Geisha *Gesellschafterin in japan. Teehäusern.*
Germaine *Franz. Name; Bedeutung = die Germanin; in Holland: Germina.*
Gianna *Abk. von Giovanna/ Johanna; nach der ital. Rocksängerin Gianna Nannini.*
Gigi *Nach einem Film von Vincente Minelli.*
Gilla *Schwed. Vorname; angelehnt an Gisela; aus dem Germanischen; Bedeutung = die Vornehme.*
Gina *Abk. von → Gianna.*
Gipsy, Gypsy *Engl. = Zigeunerin.*
Gladys *Engl./ir. Name; Bedeutung ungeklärt.*
Gloria *Aus dem Lateinischen; Bedeutung = Ruhm, Ehre.*
Goldie *Bedeutung = die Goldene; auch liebevoll für „mein Goldstück".*
Grace *Engl. Form von → Gracia.*
Gracia *Aus dem Lateinischen; Bedeutung = die Anmutige.*
Granada *Stadt in Spanien.*
Graziella *Ital. Form von → Gracia.*
Grenadine *Sirup aus dem Fruchtfleisch des Granatapfels.*
Greta *Nach der berühmten schwed. Schauspielerin und Sängerin Greta Garbo.*

Griselda *Aus dem Althochdeutschen; Bedeutung = grau, Held.*
Grizabella *Graue Katze aus dem Musical „Cats".*
Gundi *Abk. von → Gundula.*
Gundula *Norddt. Name; aus dem Althochdeutschen; Bedeutung = Kampf.*
Gunilla *Nord. Name; Bedeutung der Silbe „Gun" = Kampf.*
Gwendolyn *Engl. Name; erinnert an alte Sagengestalten.*

H

Halina *Poln. Name; verwandt mit → Helena.*
Happiness *Engl. = Glück, Freude, Zufriedenheit.*
Harmony *Engl. = Harmonie, Einklang; passend für eine hübsche sanfte Katzendame.*
Harriet *Engl. Name; verwandt mit → Henrietta.*
Hazel *Engl. Vorname; engl. = Hasel(strauch)*
Hedwig *Aus dem Althochdeutschen; Bedeutung = Streit, Kampf; so heißt die Eule von „Harry Potter".*
Helena *Aus dem Griechischen; Bedeutung = die Glänzende; auch die „schöne Helena", griech. Sagengestalt.*
Henrietta *Franz. Name; weibl. Form von Henri → Heinrich.*
Hermina *Weibl. Form von → Hermann.*
Hetta *Abk. von → Henrietta.*
Hilary *Engl. Name; angelehnt an Hilaria; aus dem Lateinischen; Bedeutung = die Heitere.*
Honey *Engl. = Honig, „Goldkind", „Schätzchen".*
Honeymoon *Engl. = Flitterwochen.*
Hosanna *Engl. = Hosianna (Loblied).*

I

Iba *Aus dem Friesischen; Bedeutung = die Eibe.*
Icecream *Engl. = Eiscreme.*
Icequeen *Engl. = Eiskönigin.*
Ida *Norddt. Name; Bedeutung ungeklärt.*
Iduna *Nord. Göttin der ewigen Jugend.*
Ina *Kurzform von Namen, die auf „ina" enden, wie Katharina → Käthe.*
Inci *Türk. Vorname; inci = Perle.*
Indira *Ind. Vorname; Bedeutung = die Funkelnde.*
Ines *Span. Name; verwandt mit Agnes; aus dem Griechischen; Bedeutung = rein.*
Iphigenie *Priesterin in der griech. Mythologie.*
Irina *Slaw. Form von Irene; aus dem Griechischen; Bedeutung = die Friedliche.*
Irmchen *Nach einem Roman von Alexander Conradt.*
Irmi *Kurzform von Irmgard; aus dem Althochdeutschen; Bedeutung = Welt, Schutz.*
Isabel, Isabella *Portug./span./ital. Form von Elisabeth → Bessy; Kurzform Isa.*
Isis *Altägypt. Göttin.*
Isolde *Nach der Oper „Tristan & Isolde" von Richard Wagner.*
Iwana *Slaw. Name; weibl. Form von Iwan → Jo.*

LA CHICA VON DER COSTA BRAVA

Das winzige Kätzchen hatte wohl seine Mama verloren. Allein und jämmerlich miauend tauchte es jeden Abend auf der Terrasse unseres spanischen Ferienhauses auf. Wer kann da schon widerstehen? Kätzchen bekam nur das Beste zu futtern und wich schließlich nicht mehr von unserer Seite. Als echte Spanierin tauften wir die Kleine Chica, das bedeutet Mädchen, und nahmen sie mit nach Hause.

Jade *Blassgrüner Schmuckstein.*
Jamila *Aus dem Arabischen; Bedeutung = die Schöne.*
Jana *Slaw. Name; Kurzform von Johanna → Gianna.*
Jasmin *Zierstrauch mit stark duftenden Blüten.*
Jemima *Katze aus dem Musical „Cats".*
Jenny *Gefleckte Katze aus dem Musical „Cats".*
Jezabel *Aus dem Hebräischen; verwandt mit Isabel → Bessy.*
Jodie, Jody *Kurzform von Judith; aus dem Hebräischen; Bedeutung = die Gepriesene.*
Joy *Engl. = Freude.*
Julia *Nach „Pretty woman" Julia Roberts.*
Julika *Ungar. Form von Julia.*
Juno *In der griech. Mythologie die Gemahlin Jupiters.*

Kaira *Titelheldin eines Romans.*
Kalila *Aus dem Arabischen; Bedeutung = die Geliebte.*
Kalinka *Nach einem russ. Volkslied.*
Karamell *Gebrannter Zucker.*
Kari *Amerik. Name; Bedeutung = kleines Fräulein.*
Karla, Carla *Angelehnt an Karl; Bedeutung = der Freie.*
Kassandra *Hellseherin in der griech. Mythologie.*
Käthe *Kurzform von Katharina; Bedeutung = die Reine.*
Katinka *Russ. Koseform von Katharina → Käthe.*
Kea *Fries. Name; Kurzform von Namen mit der Endsilbe „ke", wie Frauke.*
Kelly *Urspr. engl. Familienname, z. B. Grace Kelly.*
Kerry *Kurzform des schwed./dän. Namens Karen; abgeleitet von Katharina.*
Kiara *Aus Disneys „König der Löwen 2"; Simbas Tochter.*
Kiki *Umgangssprachlich für Unsinn.*
Kim *Nach der amerik. Schauspielerin Kim Basinger.*
Kitty *Kleine Katze aus der Kinderbuchserie „Hello Kitty".*
Kleopatra *Ägypt. Königin; Abk. Kleo.*
Kyna *Aus dem Ir./Gälischen; Bedeutung = Weisheit.*

Lady *Engl. = Dame.*
Lambada *Modetanz.*
La Paloma *Span. = die Taube.*
Lara *Russ. Name, Kurzform von Laura; aus dem Lateinischen; Hinweis auf einen Lorbeerkranz.*
Larissa *Russ. Name → Lara.*
Lavendel *Duftende Heil- und Gewürzpflanze.*
Lea *Aus dem Hebräischen; Bedeutung = Antilope.*

STERNCHEN – MEIN KLEINER TEUFEL

Sternchens Fell ist pechschwarz. Nur in der Brustmitte prangt ein sternförmiger weißer Fleck. So kam sie zu ihrem Namen. Besuch kann sie überhaupt nicht leiden. Manchmal entpuppt sie sich dann als kleiner Teufel. Vor kurzem lockte mein Freund sie mit Sahne. Sie schleckte genussvoll die Sahne vom Finger, biss danach aber kräftig hinein. Mit „Speck fängt man Mäuse", aber nicht mein Sternchen.

Namen zum Sternzeichen Waage, Skorpion, Schütze

Waage männlich: Angelo, Caramelo, Chester, Happy.
Waage weiblich: Dolly, Fidelia, Melinda, Ostara, Tabea,
Skorpion männlich: Boris, D'Artagnan, Hamlet, Justus.
Skorpion weiblich: Fortuna, Nikita, Pallas, Tonia.
Schütze männlich: Ashley, Vasco, Yankee, Zorro.
Schütze weiblich: Diana, Molly, Sina, Tigerlily, Urania.

Leda *Sagengestalt aus der griech. Mythologie.*
Leilah *Pers. = Dunkelhaarige.*
Lia *Kurzform von → Julia.*
Liane *Kurzform von → Julia.*
Liberty *Engl. = Freiheit.*
Lilly *Koseform von Namen wie Elisabeth oder Karoline.*
Lisa *Kurzform von Elisabeth → Bessy; beliebter Doppelname: Lisa-Marie → Marie.*
Livia *Aus dem Lateinischen; ursprünglich ein Familienname; Abk. Liv.*
Liz *Kurzform von Elisabeth → Bessy; auch nach der Schauspielerin Liz Taylor.*
Lola *Span. Kurzform von Dolores; auch nach dem Film „Die rote Lola" mit Marlene Dietrich.*
Lolita *„Kindfrau" (unschuldig, raffiniert, verführerisch).*
Loreley *Eine schöne Nixe, die nach der Sage Rheinschiffer ins Verderben lockte.*
Loulou *Franz. für Herzchen, Liebling.*
Luca *Abk. von Luciana; Bedeutung = bei Tagesanbruch geboren.*
Lucie *Aus dem Lateinischen; Bedeutung = die Leuchtende.*
Luna *Röm. Mondgöttin.*
Lyra *Musikinstrument oder Sternbild des nördl. Himmels.*

M

Mabel *Engl. Kurzform von Amabella; aus dem Lateinischen; Bedeutung = die Liebenswerte.*
Madeleine, Madeline *Franz. Name; verwandt mit Magdalene; aus dem Griechischen; Bedeutung = aus Magdala stammend.*
Madonna *Nach dem berühmten Popstar.*
Mae *Nach dem Sexsymbol Mae West.*
Magali *Franz. Name; verwandt mit Magdalena → Madeleine.*
Maggy *Engl. Kurzform für Margarethe; aus dem Griechischen; Bedeutung = die Perle.*
Manon *Franz. Name; Kurzform von Maria; abgeleitet wahrscheinlich von Miriam; hebräisch; Bedeutung = die Betrübte oder die Widerspenstige.*
Mara *Aus dem Hebräischen; Bedeutung = bitter.*
Marcella *Weibl. Form von Marcellus; aus dem Lateinischen; ein alter Familienname.*
Marie *Die hübsche weiße Katze aus Disneys „Aristocats".*
Marietta *Ital. Koseform für Maria → Manon.*
Marilyn *Nach der Schauspielerin Marilyn Monroe.*
Mariposa *Span. = Schmetterling.*
Marsala *Stadt in Sizilien; süßer goldgelber Wein.*
Marusha *Bekanntester weibl. DJ der Welt und Moderatorin.*
Marylou *Engl. Name; zusammengesetzt aus „Mary" und „Louise"; auch als Name für ein Katzen-Duo (Mary & Lou).*
Maunzi *Für Katzen, die das Maunzen in allen Varianten beherrschen.*
Maurizia *Aus dem Lateinischen; Bedeutung = aus Mauretanien stammend.*
Mausi *Liebevoll für Ihren kleinen Liebling.*
Medea *Aus dem Griechischen; Bedeutung = herrschen.*
Melinda *Aus dem Lateinischen; Bedeutung = der Honigtrank.*
Melissa *Aus dem Griech.; Bedeutung = bienenfleißig.*
Melody *Engl. = Melodie; passt zu einer sanftmütigen Katze.*

Melusine *Nach einer Sage um eine Meerjungfrau.*
Metaxa *Bekannter griech. milder Weinbrand.*
Mia *Dän./schwed. Kurzform von Maria.*
Miezi, Mieze *Umgangssprachlich für Katze.*
Milva *Nach der rothaarigen ital. Sängerin.*
Mimi *Ein Name, den Katzen auf Anhieb lernen.*
Minerva *Röm. Göttin der Weisheit.*
Minette *Franz. Form von Wilhelmine; Bedeutung = Wille, Helm.*
Minka *Kurzform von Wilhelmina → Minette; einer der häufigsten Katzennamen.*
Minnie *Nach Disneys Minnie Mouse; sie ist Mickys Freundin.*
Minou *Pers. = Paradies.*
Mira *Kurzform von Namen wie Mirabella; ital. Name; Bedeutung = die Wunderbare.*
Miranda *Aus dem Lat.; Bedeutung = die Bewundernswerte.*
Miss Marple *Die „verschrobene" Detektivin in Krimis von Agatha Christie.*
Molly *Engl. Koseform für Maria; aber auch engl. = Gangsterliebchen, Landstreicherin.*
Momo *Liebenswerte Landstreicherin in dem gleichnamigen Buch von M. Ende.*
Mona *Aus dem Irischen; Bedeutung = die Edle.*
Mona Lisa: *Nach dem Gemälde von L. da Vinci; witziger Name für zwei Katzendamen: Mona & Lisa.*

Die schönsten Namen für die patenten Sozialen

Sie mögen keine Auseinandersetzungen. In der Katzengruppe schlichten sie Streitereien. Disharmonie in jeder Form ist ihnen ein Gräuel. Passende Namen:
Kater: Abraxas, Angelo, Bel-Ami, Chéri, Erasmus, Helios, Merlin, Urmel.
Kätzinnen: Aimée, Agatha, Angelina, Dolly, Engel, Galina, Loulou, Nirwana, Tiffany.

Moneypenny *Die Sekretärin aus den James-Bond-Filmen.*
Morena *Span. moreno = dunkelbraun, dunkelhaarig.*
Mrs. Murphy *Die sprechende Katzen-Detektivin in den Romanen von Rita Mae Brown.*
Mrs. Norris *Die Katze des Hausmeisters aus „Harry Potter".*
Muschi *Einer der häufigsten Katzennamen.*
Mylady *Engl. = Gnädige Frau.*

N

Naja *Name aus Grönland; Bedeutung = kleine Schwester.*
Nala *Aus Disneys „König der Löwen"; Simbas Freundin.*
Nancy *Engl. Kurzform für Anna; aus dem Hebräischen; Bedeutung = die Begnadete.*
Nanette *Franz. Koseform von Nana → Nancy.*
Naomi, Noemi *Aus dem Hebräischen; Bedeutung = die Liebliche.*
Natascha *Russ. Koseform von Natalie; aus dem Lateinischen; Bedeutung = an Weihnachten geboren.*
Nefa *Altägypt. = die Schöne.*
Nelli *Kurzform von Cornelia; alter röm. Familienname.*
Nena *Span. = kleines Mädchen; auch nach der Sängerin Nena (99 Luftballons).*
Nessie *Koseform für das Ungeheuer von Loch Ness in Schottland.*
Nikita *Spezialagentin in dem gleichnamigen Buch und Film von Luc Besson.*
Nikoletta *Ital. Koseform von Nicola; aus dem Griechischen; Bedeutung = Sieg, Volk.*
Nina *Kurzform von Namen wie → Hermina oder Hermine.*
Ninifee *Prinzessin der Elfen aus dem Kinderbuch „Das weiße Schneckenhaus".*
Nirwana *Im Buddhismus die völlige, selige Ruhe.*

Noisette *Mit Haselnüssen durchsetzte Milchschokolade.*
Nora *Kurzform von Namen mit der Endsilbe „nore" wie Eleonore.*

Octopussy *Titel eines James-Bond-Films.*
Odessa *Ukrain. Hafenstadt am Schwarzen Meer.*
Odette *Franz. für Oda; Kurzform von Namen, die mit „Ot" oder „Od" beginnen, wie z. B. Ottilie.*
Oktavia *Aus dem Lateinischen; Bedeutung = achtes Kind oder aus dem Geschlecht der Oktavier; Gemahlin Neros.*
Olivia *Aus dem Lateinischen; Bedeutung = Ölbaum; auch Freundin von → Popeye.*
Olympia *Griech. Vorname; der Olymp galt in der griech. Mythologie als Sitz der Götter.*
Ophelia *Aus dem Griechischen; Bedeutung = Hilfe; Figur aus Shakespeares „Hamlet".*
Orchidee *Eine Blumenart.*
Ornella *Ital.; weist auf eine Pflanze (Blütenesche) hin; ital. Schauspielerin Ornella Muti.*
Ostara *Germ. Göttin des Frühlings.*

Pallas *Beiname der griech. Göttin Athene.*
Paloma *Span. = Taube.*
Pamela *Aus dem Griechischen; Bedeutung = dunkel, schwarz.*
Papagena *Geliebte des Papageno in der „Zauberflöte" von Mozart.*
Patsy *Engl. Kurzform für Patricia; aus dem Lateinischen; Bedeutung = die Patrizierin.*
Paula, Pauline *Lateinisch; Bedeutung = die Kleine.*
Pearl *Engl. = Perle.*
Peggy *Kurzform von Margarethe → Maggy.*
Penelope: *Gattin des Odysseus der griech. Mythologie.*
Penny *Abk. von → Penelope.*
Pepita *Span. Vorname; pepita = Kern, Goldkorn; auch schwarz-weiß gemusterter Stoff.*
Pepsi *Ein koffeinhaltiges Erfrischungsgetränk.*
Petunia *Lat. Name für die Petunie, eine Blumenart.*
Pia *Aus dem Lateinischen; Bedeutung = die Tugendhafte.*
Piccola *Ital. = die Kleine.*
Piroschka *Ungar. Name; abgeleitet von Prisca; aus dem Lateinischen; Bedeutung = die Altehrwürdige.*
Polly *Engl. Kurzform für Apollonia; Bedeutung = dem Gott Apoll geweiht.*

Namen zum Sternzeichen Steinbock, Wassermann, Fische

Steinbock männlich: Hannibal, Herkules, Hugo, Karajan, Konrad, Nathan, Nepomuk.
Steinbock weiblich: Alina, Kyna, Minerva, Natascha, Tamina, Viktoria, Yakira, Zarina.
Wassermann männlich: Edison, Fellini, Gambler, Holmes, Houdini, Loco, Pepino.
Wassermann weiblich: Barbarella, Cher, Colette, Frou-Frou, Gigi, Kaira, Samira, Tracy,
Fische männlich: Bärchen, Colin, Gulliver, Lolly, Smartie, Sweety, Tizian, Tobi, Vivaldi.
Fische weiblich: Adriana, Amaryllis, Bianca, Cosima. Estella, Jodie, Kalila, Naomi.

Pretty *Engl. = hübsch.*
Primadonna *Eine Katze solchen Namens möchte immer die „erste Geige“ spielen.*
Prinzessin, Princess *Für Katzendamen, die genau wissen, was sie wollen.*
Pünktchen *Nach Erich Kästners „Pünktchen und Anton“.*
Püppchen *Liebevoll für Ihre hübsche Samtpfote.*
Pussy, Pussycat *Engl. = Kätzchen.*
Putzi *Abgeleitet von dem Wort putzig (niedlich).*

Queen *Engl. = Königin.*
Querida *Span. Name; Bedeutung = die Geliebte.*
Quiana *Indian. Name; Bedeutung = die Anmutige.*
Quirina *Aus dem Lateinischen; bezieht sich auf einen röm. Kriegsgott.*

Rabea *Arab. = Frühling.*
Raja *Russ. Kurzform von Raissa; Bedeutung = das Paradies.*
Rana *Aus dem Arabischen; Bedeutung = die Liebliche.*
Ranita *Aus dem Hebräischen; Bedeutung = Lied, Glück.*
Ricarda *Span. für Richarda; aus dem Althochdeutschen; Bedeutung = kühn und mächtig.*
Romina *Nach dem ital. Gesangsduo Albano und Romina Power.*
Ronja *Titelheldin des Buches „Ronja Räubertochter“ von Astrid Lindgren.*

EINE ECHTE PRINZESSIN

Zart, mit seidenweichem Fell und hoch erhobenen Hauptes hielt sie Einzug bei uns. Gnädig inspizierte sie die Wohnung. Sie schaute hier und schaute dort, bis sie schließlich vor der geschlossenen Schlafzimmertür stand. Ein vorwurfsvoller Blick zurück, und schon öffneten wir ihr beflissen. Aha, endlich etwas Brauchbares – das frisch bezogene Bett. Und dann machte sie es sich darin bequem. Diese Katze kann nur Prinzessin heißen.

Rosa, Rose *Alter Name, soll an die duftende Rose erinnern.*
Rosalie *Ital. Form von → Rosa, Rose.*

Rosanna *Ital. Name; zusammengesetzt aus „Rosa“ und „Anna“.*
Rosenrot *Figur aus dem Märchen „Schneeweißchen und Rosenrot“.*
Rosina *Aus dem Lateinischen; Bedeutung = die Rosenfarbene.*
Rosita *Span. Form von → Rosa, Rose.*
Roxana *Amerik. Name, urspr. aus Persien; Bedeutung = die Morgenröte.*
Rubia *Span. = Blondine.*

Saba *Früheres südarab. Königreich.*
Sally *Engl. Kurzform von → Sara, Sarah.*
Salome *Hebr.; Bedeutung = die Friedliche; auch Königin von Judäa.*
Samantha *Hebr.; Bedeutung = die Hörende.*

Sambuca *Getränk aus Holunder und Lakritze.*
Samira *Aus dem Arabischen; Bedeutung = die Unterhalterin.*
Saphira *Aus dem Hebräischen/Griechischen; Bedeutung = die Schöne.*
Sara, Sarah *Aus dem Hebräischen; Bedeutung = Fürstin, Herrin.*
Sarabi *Aus Disneys „König der Löwen"; die Mutter.*
Scarlett *Engl./amerik. = scharlachrot; auch nach der Titelheldin des Romans/Films „Vom Winde verweht".*
Schirin *Aus dem Persischen; Bedeutung = die Süße.*
Schneeflöckchen *So könnte Ihr weißes Kätzchen heißen.*
Schneekönigin *Nach einem Märchen von Andersen.*
Schneeweißchen *Figur aus dem Märchen „Schneeweißchen und Rosenrot".*
Schneewittchen *Die Schöne in dem gleichnamigen Märchen der Gebrüder Grimm.*
Schnurri *Häufiger Name für Schmusekatzen.*
Selene *Griech. Mondgöttin.*
Serafina *Ital. Name; aus dem Hebräischen; Bedeutung = die Feurige.*
Serena *Aus dem Lateinischen; Bedeutung = heiter, glücklich.*
Shakira *Aus dem Arabischen; Bedeutung = die Anmutige.*
Shangri La *Tibetisch; Bedeutung = das Land der Heiligtümer und des Friedens.*
Sheila *Engl. Name; verwandt mit Cäcilia → Cilia.*
Shirley *Ein engl. Familienname; auch nach der Schauspielerin Shirley MacLaine.*
Shy *Engl. = scheu, schüchtern.*
Sina *Nordischer Name; verwandt mit Signe; Bedeutung = Sieg, jung.*
Sirena *Nach dem betörenden Gesang der Sirenen aus der griech. Mythologie.*
Sirikit *Vorname der thailändischen Königin.*
Sissi *Kosename der schönen österr. Kaiserin Elisabeth.*
Snowball *Engl. = Schneeball.*
Sofie, Sophie *Aus dem Griechischen; Bedeutung = Weisheit.*
Soraya *Pers. Vorname; so hieß die einstige Kaiserin von Persien.*
Starlet *Engl. = (Film-)Sternchen.*
Stella *Ital. Kurzform von → Estella.*
Sternchen *Für Katzen mit sternförmigen Fellabzeichen.*
Suleika *Arab./pers. Name; Bedeutung = die Verführerin.*
Sunny *Engl. Name; Bedeutung = fröhlich.*
Sunrise *Engl. = Sonnenaufgang.*
Sunshine *Engl. = Sonnenschein.*
Sushi *Zubereitungsform von rohem Fisch in Japan.*
Suzette *Franz. Form von Susanna; aus dem Hebräischen; Bedeutung = die Lilie.*
Sweethart *Engl. = Liebchen.*
Sweety *Engl. = Herzchen.*

T

Tabea *Aus dem Hebräischen; Bedeutung = die Gazelle.*
Tabby *Aus dem Englischen; Bedeutung = grau oder braun gestreifte Katze.*
Taiga *Weite Wald- und Sumpflandschaft in Sibirien.*
Talitha *Aramäischer Name; Bedeutung = das Mädchen.*
Tamara *Aus dem Hebräischen; Bedeutung = die Dattelpalme.*

Passende Namen für langhaarige Katzen

Mit gepflegtem Fell sehen die „Langhaarigen" wunderschön aus. Sie sollten deshalb Namen bekommen, die ihrem üppigen Haarkleid Rechnung tragen.
Kater: Bärchen, Glamour, Guapo, Löwchen, Leonardo, Sir Lionel, Teddy.
Kätzinnen: Fay, Fee, Daphne, Jamilia, Loreley, Melusine, Undine, Saphira, Teida, Wuschi.

Tamina *Fries. Name; weibl. Form von Tamino; Bedeutung tamias = Herr, Gebieter.*
Tammy *Abk. von → Tamara.*
Tanita *Russ. Kurzform von → Tatjana.*
Tarantella *Südital. Volkstanz.*
Tatjana *Russ. Name; abgeleitet von dem Sabinerkönig Tatius.*
Teida *Friesisch; verwandt mit Adelheid; aus dem Althochdeutschen; Bedeutung = edel.*
Terzia *Aus dem Lateinischen; Bedeutung = die Dritte.*
Tessi, Tessa *Kurzform von → Theresa, Teresa.*
Thea *Kurzform von Dorothea → Dolly.*
Theresa, Teresa *Aus dem Griechischen; erinnert an die Insel Thera.*
Tiara *Hohe spitze Kopfbedeckung altpers. Könige oder dreifache Krone des Papstes.*
Tiffany *Amerik. Name; urspr. aus dem Griechischen; Bedeutung = Gottes Gabe.*
Tigerlily *Häuptlingstochter in der Kinderoper „Peter Pan".*
Tilly *Kurzform von Namen mit der Silbe „il" wie Emilie.*
Tina *Kurzform von Namen mit den Endsilben „tina" oder „tine", wie Christine.*
Tiny *Engl. = winzig; aber denken Sie daran, dass Ihr Winzling größer wird.*
Tippi *Nach der Schauspielerin Tippi Hedren („Die Vögel").*
Tonia *Kurzform von Antonia; aus dem Lateinischen; ein alter Familienname.*
Tootsy *Amerik. = Schätzchen.*

Hübsche Namen für rothaarige Miezen

Rot liegt im Trend, nicht nur was die Haarfarbe der Damenwelt betrifft. Auch Katzenrotschöpfe sind beliebt. Diese Namen weisen auf die Fellfarbe hin. Kater: Foxi, Ginger, Robin, Roy, Rufus, Rusty, Leroy. Kätzinnen: Alhambra, Aurora, Amarena, Chili, Lola, Milva, Rose, Rosalie, Rosanna, Rosenrot, Rosina, Roxana, Zora.

Tosca *Oper von Puccini.*
Tracy *Engl. Kurzform von → Theresa, Teresa.*
Trixi *Kurzform von Beatrix; aus dem Lateinischen; Bedeutung = die Glück Bringende.*
Turandot *Chines. Prinzessin; Oper von Puccini.*
Twiggy *Engl. twig = Zweiglein; Name eines englischen Fotomodells in den 70er Jahren.*

U

Ultima *Aus dem Lateinischen; Bedeutung ultimum = zuletzt, zum letzten Mal.*
Undine *Aus dem Lateinischen; Bedeutung = Welle, Nixe.*
Urania *Eine der neun Musen der griech. Mythologie; Tochter des Zeus.*
Usambara *Landschaft in Afrika und eine Veilchenart.*
Utopia *Nach dem gleichnamigen Roman von T. Morus; Traumland, in welchem ein Idealzustand herrscht.*

V

Valentina *Aus dem Lateinischen; Bedeutung valens = kräftig, gesund.*
Valeria *Aus dem Lat.; Bedeutung valere = stark sein.*
Valeska *Poln. Form von → Valeria.*
Vamp *Mondäne Frau.*
Vanilla *Orchidee und Gewürz (Vanilleschote).*
Velvet *Engl. = Samt.*
Venezia *Ital. Schreibweise von Venedig.*
Venus *Röm. Göttin der Liebe.*
Verena *Aus dem Lateinischen; Bedeutung = die Wahrhafte, die Aufrichtige.*
Veritas *Lat. = die Wahrheit.*
Vicky *Koseform von → Viktoria.*
Viktoria *Aus dem Lateinischen; Bedeutung = die Siegbringende.*
Viola *Aus dem Lateinischen; Bedeutung = das Veilchen.*
Violetta, Violet *Ital./engl. Form von → Viola.*

Virginia *Aus dem Lateinischen; geht auf das Geschlecht der Virginier zurück.*
Vita *Lat. = Leben, Lebensbeschreibung.*
Viva *Span. = ein Hochruf wie z. B. „Hoch lebe …"*
Vivian, Vivien *Aus dem Lateinischen; Bedeutung = lebendig.*

W

Wally *Abk. von Waltraud; aus dem Althochdeutschen; Bedeutung = herrschen, Kraft.*
Wanda *Slaw. Name; nach dem Film „Ein Fisch namens Wanda".*
Wanja *Slaw. Name; Herkunft und Bedeutung ungeklärt.*
Wendy *Abk. von → Wanda.*
White *Engl. = weiß.*
Whitney *Aus dem Englischen; Bedeutung = von der weißen Insel; nach der Sängerin Whitney Houston.*
Whoopy *Nach der amerik. Schauspielerin und Komikerin Whoopy Goldberg.*
Wilma *So heißt die Frau von Fred Feuerstein aus dem Comic „Familie Feuerstein".*
Winona *Indian. Name; bedeutet bei den Sioux „erstgeborene Tochter".*
Witta *Fries. Name; aus dem Althochdeutschen; Bedeutung = Wald.*
Wonne *So könnte Ihr entzückender Wonneproppen heißen.*
Wuschi *Für Kätzchen mit langem wuscheligem Fell.*

X

Xanadu *Nach dem gleichnamigen Film.*
Xantippe *Gattin des Sokrates.*
Xenia *Aus dem Griechischen; Bedeutung = die Gastfreundliche.*

Y

Yakira *Aus dem Hebräischen; Bedeutung = kostbar.*
Yara *Brasil. Name; bezieht sich wahrscheinlich auf den Monat Januar.*
Yin *Eine der beiden gegensätzlichen Kräfte in der chin. Philosophie, „Yin und Yang".*
Yoko *Nach der Japanerin Yoko Ono, Witwe von John Lennon.*
Yva *Ein Fantasiename.*
Yvette *Franz. Name; abgeleitet von Yvwa; Bedeutung = die Eiche.*

Z

Zaida *Aus dem Arabischen; Bedeutung = die Gebieterin.*
Zarah *Andere Schreibweise für → Sara, Sarah; auch nach der Schauspielerin Zarah Leander.*
Zarina *Aus dem Bulgarischen; Bedeutung = die Zarin.*
Zia *Ital. = Tante.*
Zillah *Aus dem Hebräischen; Bedeutung = Schutz, Gesang.*
Zita *Kurzform von Felicitas; aus dem Lateinischen; Bedeutung = die Glückselige.*
Zora *Rothaarige Anführerin einer Kinderbande in Romanen von Kurt Held.*
Zsa Zsa *Nach der ung. Schauspielerin Zsa Zsa Gabor.*

MAUNZI, DIE QUASSELSTRIPPE

Maunzi beherrscht das „Miau" in vielen Variationen. Angefangen von dem fordernden „Miiiau" bis hin zum lang gezogenen „Maaa", was so viel heißt wie: „Bitte beschäftige dich mit mir." Zur Begrüßung ertönt meist nur ein kurzes „Me". Doch wehe, ich verstehe nicht gleich, dass sie raus möchte. Dann folgt ein gellendes „Au" (das „Mi" entfällt). Maunzi erzählt für ihr Leben gern, und ich höre zu …

REGISTER

ADRESSEN

➤ Fédération Internationale Féline (FIFe), Little Dene, Lenham Heath Maidstone, Kent ME17 2BS, Großbritannien, www.fifeweb.org (engl.)

➤ Deutscher Edelkatzenzüchterverband e. V. (1. DEKZV e. V.), Berliner Str. 13, 35614 Asslar, www.dekzv.de

➤ Deutsche Rassekatzen-Union e.V. (D.R.U.), Geschäftsstelle: Hauptstr. 56, 56814 Landkern, www.dru.de

➤ Österreichischer Verband für die Zucht und Haltung von Edelkatzen (ÖVEK), Liechtensteinstr. 126, A-1090 Wien, www.oevek.org

➤ Fédération Féline Helvétique (FFH), Denise Kölz, Solothurnerstr. 83, CH-4053 Basel, www.ffh.ch

Anschriften von Katzenclubs und -vereinen können Sie bei den vorgenannten Verbänden erfragen.

➤ Deutscher Tierschutzbund e.V., Baumschulallee 15, 53115 Bonn, www.tierschutzbund.de

Katzen im Internet

Viel Wissenswertes rund um Katzen, inklusive Gesundheit, Ernährung, Katzenlexikon, Katzenrassen und vieles mehr, finden Sie auf folgenden Internetseiten:

➤ www.miau.de

➤ www.schmusekatzen.de

➤ www.juhukatzen.de

➤ www.katzen-info.de

➤ www.katze-und-du.at

➤ www.katzencity.de

➤ www.netz-katzen.de

➤ www.katze-und-du.de

Informationen über giftige Pflanzen erhalten Sie unter:

➤ www.vetpharm.unizh.ch/perldocs/toxsygry.htm

Fragen zur Haltung beantworten

Ihr Zoofachhändler und der Zentralverband Zoologischer Fachbetriebe Deutschlands e. V. (ZZF), Rheinstr. 35, 63225 Langen, Tel. 0 61 03/91 07 32 (nur telefonische Auskunft möglich), www.zzf.de

Krankenversicherung

➤ Uelzener Allgemeine Versicherungsgesellschaft AG, PF 2163, 29511 Uelzen, www.uelzener.de

➤ AGILA Haustier-Krankenversicherung AG, Breite Str. 6 – 8, 30159 Hannover, www.agila.de

Registrierung von Katzen

➤ Deutsches Haustierregister, Deutscher Tierschutzbund e. V., Baumschulallee 15, 53115 Bonn, www.tierschutzbund.de

➤ Haustierzentralregister, TASSO e. V., Frankfurter Str. 20, 65795 Hattersheim, Tel. 0 61 90/93 22 14, www.tiernotruf.org

➤ Internationale Zentrale Tierregistrierung (IFTA), Weiherstr. 8, 88145 Maria Thann, Tel. 0 08 00/84 37 73 -44 78 37 (kostenlos), www.tierregistrierung.de

Wer seine Katze vor Tierfängern und dem Tod im Versuchslabor schützen will, kann sie hier registrieren lassen.

BÜCHER

- Bergler, R.: Warum Kinder Tiere brauchen. Herder Verlag, Freiburg
- Armbrust, W./Ludwig, G.: Die Geheimnisse des Katzenlebens. Tecklenborg Verlag, Steinfurt
- Edney, A.: Katzen. Von Pussycats und Dschungeltigern. Benedikt Taschen Verlag, Stuttgart
- Hofmann, H.: Katzensprache. Gräfe und Unzer Verlag, München
- Silvester, H.: Katzensprung. Ellert & Richter Verlag, Hamburg
- Wegler, M.: Katzenkinder. Gräfe und Unzer Verlag, München

ZEITSCHRIFTEN

- die edelkatze. Illustrierte Fachzeitschrift für Katzenfreunde, Verbandszeitschrift des 1. DEKZV (→ Adressen)
- katzen. Hrsg. D.R.U. (→ Adressen)
- Katzen extra. Symposion Verlag, Saarbrücken
- Geliebte Katze. Gong Verlag, München

DIE AUTORIN

Gabriele Linke Grün arbeitet seit vielen Jahren als freie Journalistin für verschiedene Tierzeitschriften und Schulbuchverlage. Für den Gräfe und Unzer Verlag ist sie als freie Redakteurin sowie Lektorin und jetzt auch als Autorin tätig. Ihr Faible gilt Katzen, mit denen sie aufgewachsen ist und deren Eigenwilligkeit und Eleganz sie schon immer fasziniert haben.

DIE FOTOGRAFEN

Artemis View/Elsner: Seite 8 mi., U4 li.; Giel: Seite 18; Juniors/Schanz: Seite 8 li.; Kuhn: Seite 30; Prawitz: Seite 9 re.; Schanz: Seite 3 o. re., 11, 16, 17, 32, 37, 42; Wegler: Seite U1, U2, 2, 3 o. li., u., 4, 7, 8 re., 9 li., mi., 13, 14, 21, 23, 25, 26, 29, 35, 38, 41, 45, U4 o., re.

IMPRESSUM

Leitende Redaktion: Anita Zellner
Umschlaggestaltung und Layout: H. Bornemann Design, München
Satz: Filmsatz Schröter, München
Produktion: Maike Harmeier
Repro: Longo, Bozen
Druck und Bindung: Alcione, Trento

Printed in Italy

ISBN 3-7742-5924-0

Auflage	4.	3.	2.	1.
Jahr	2006	05	04	03

GRÄFE UND UNZER

Ein Unternehmen der
GANSKE VERLAGSGRUPPE